U0380173

"江苏省新型建筑工业化协同创新中心"经费资助
江苏省"十三五"重点图书出版规划项目

新型建筑工业化丛书

吴 刚 王景全 主 编

工 业 化 村 镇 建 筑

编 著 陈忠范 叶继红 黄东升

徐 明 潘金龙 冯 健

吴 京 黄子睿 徐志峰

东南大学出版社
SOUTHEAST UNIVERSITY PRESS

·南京·

内 容 提 要

　　第1章是概述,给出了本书限定的村镇建筑的定义,并对国内外工业化村镇建筑作了简介。第2章是工业化混凝土框架结构,重点介绍了装配式混凝土框架结构的设计方法、构造要求、构件生产和安装施工等主要内容。第3章是工业化轻钢结构,从材料到设计计算到构造进行了系统的介绍,大部分都是作者多年的研究成果。第4章是工业化秸秆板轻钢发泡混凝土剪力墙结构,这是作者提出的一种新的结构体系,介绍了该体系的特点和抗震设计方法,并依托实际工程,介绍了其施工工艺、方法和要求,其基础工程的内容也适用于轻钢结构。第5章是工业化木结构,以胶合木材和木基复合材为基本构件,介绍了其材料特性、结构设计与构造措施以及施工工艺等内容,其防火工程和防腐工程的内容也适用于竹结构。第6章是工业化竹结构,着重介绍了两种常用的建筑结构工业化竹材(重组竹与集成竹)及其基本构件的性能与承载力计算方法,最后介绍了常见竹建筑结构体系,其抗震设计方法可参见木结构。

图书在版编目(CIP)数据

　　工业化村镇建筑/陈忠范等编著. —南京:东南
大学出版社,2017.6
　　(新型建筑工业化丛书/吴刚,王景全主编)
　　ISBN 978 - 7 - 5641 - 7059 - 2

　　Ⅰ. ①工… 　Ⅱ. ①陈… 　Ⅲ. ①工业化-农业
建筑-建筑设计 　Ⅳ. ①TU26

　　中国版本图书馆 CIP 数据核字(2017)第 047207 号

工业化村镇建筑

编　　著	陈忠范　叶继红　黄东升　徐　明　潘金龙　冯　健　吴　京　黄子睿　徐志峰
出版发行	东南大学出版社
社　　址	南京市四牌楼 2 号　邮编:210096
出 版 人	江建中
责任编辑	丁　丁
编辑邮箱	d. d. 00@163. com
网　　址	http://www. seupress. com
电子邮箱	press@seupress. com
经　　销	全国各地新华书店
印　　刷	江苏凤凰数码印务有限公司
版　　次	2017 年 6 月第 1 版
印　　次	2017 年 6 月第 1 次印刷
开　　本	787 mm×1 092 mm　1/16
印　　张	11.5
字　　数	252 千
书　　号	ISBN 978-7-5641-7059-2
定　　价	58.00 元

序

改革开放近四十年以来,随着我国城市化进程的发展和新型城镇化的推进,我国建筑业在技术进步和建设规模方面取得了举世瞩目的成就,已成为我国国民经济的支柱产业之一,总产值占 GDP 的 20% 以上。然而,传统建筑业模式存在资源与能源消耗大、环境污染严重、产业技术落后、人力密集等诸多问题,无法适应绿色、低碳的可持续发展需求。与之相比,建筑工业化是采用标准化设计、工厂化生产、装配化施工、一体化装修和信息化管理为主要特征的生产方式,并在设计、生产、施工、管理等环节形成完整有机的产业链,实现房屋建造全过程的工业化、集约化和社会化,从而提高建筑工程质量和效益,实现节能减排与资源节约,是目前实现建筑业转型升级的重要途径。

"十二五"以来,建筑工业化得到了党中央、国务院的高度重视。2011 年国务院颁发《建筑业发展"十二五"规划》,明确提出"积极推进建筑工业化";2014 年 3 月,中共中央、国务院印发《国家新型城镇化规划(2014—2020 年)》,明确提出"绿色建筑比例大幅提高""强力推进建筑工业化"的要求;2015 年 11 月,中国工程建设项目管理发展大会上提出的《建筑产业现代化发展纲要》中提出,"到 2020 年,装配式建筑占新建建筑的比例 20% 以上,到 2025 年,装配式建筑占新建建筑的比例 50% 以上";2016 年 8 月,国务院印发《"十三五"国家科技创新规划》,明确提出了加强绿色建筑及装配式建筑等规划设计的研究;2016 年 9 月召开的国务院常务会议决定大力发展装配式建筑,推动产业结构调整升级。"十三五"期间,我国正处在生态文明建设、新型城镇化和"一带一路"战略布局的关键时期,大力发展建筑工业化,对于转变城镇建设模式,推进建筑领域节能减排,提升城镇人居环境品质,加快建筑业产业升级,具有十分重要的意义和作用。

在此背景下,国内以东南大学为代表的一批高校、科研机构和业内骨干企业积极响应,成立了一系列组织机构,以推动我国建筑工业化的发展,如:依托东南大学组建的新型建筑工业化协同创新中心、依托中国电子工程设计院组建的中国建筑学会工业化建筑学术委员会、依托中国建筑科学研究院组建的建筑工业化产业技术创新战略联盟等。与此同时,"十二五"国家科技支撑计划、"十三五"国家重点研发计划、国家自然科学基金等,对建筑工业化基础理论、关键技术、示范应用等相关研究都给予了有力资助。在各方面的支持下,我国建筑工业化的研究聚焦于绿色建筑设计理念、新型建材、结构体系、施工与信息化管理等方面,取得了系列创新成果,并在国家重点工程建设中发挥了重要作用。将这些成果进行总结,并出版《新型建筑工业化丛书》,将有力推动建筑工业化基础理论与技术的发展,促进建筑工业化的推广应用,同时为更深层次的建筑工业化技术标准体系的研究奠定坚实的基础。

　　《新型建筑工业化丛书》应该是国内第一套系统阐述我国建筑工业化的历史、现状、理论、技术、应用、维护等内容的系列专著,涉及的内容非常广泛。该套丛书的出版,将有助于我国建筑工业化科技创新能力的加速提升,进而推动建筑工业化新技术、新材料、新产品的应用,实现绿色建筑及建筑工业化的理念、技术和产业升级。

　　是以为序。

清华大学教授
中国工程院院士　聂建国

2017 年 5 月 22 日于清华园

丛书前言

建筑工业化源于欧洲，为解决战后重建劳动力匮乏的问题，通过推行建筑设计和构配件生产标准化、现场施工装配化的新型建造生产方式来提高劳动生产率，保障了战后住房的供应。从 20 世纪 50 年代起，我国就开始推广标准化、工业化、机械化的预制构件和装配式建筑。70 年代末从东欧引入装配式大板住宅体系后全国发展了数万家预制构件厂，大量预制构件被标准化、图集化。但是受到当时设计水平、产品工艺与施工条件等的限定，导致装配式建筑遭遇到较严重的抗震安全问题，而低成本劳动力的耦合作用使得装配式建筑应用减少，80 年代后期开始进入停滞期。近几年来，我国建筑业发展全面进行结构调整和转型升级，在国家和地方政府大力提倡节能减排政策引领下，建筑业开始向绿色、工业化、信息化等方向发展，以发展装配式建筑为重点的建筑工业化又得到重视和兴起。

新一轮的建筑工业化与传统的建筑工业化相比又有了更多的内涵，在建筑结构设计、生产方式、施工技术和管理等方面有了巨大的进步，尤其是运用信息技术和可持续发展理念来实现建筑全生命周期的工业化，可称谓新型建筑工业化。新型建筑工业化的基本特征主要有设计标准化、生产工厂化、施工装配化、装修一体化、管理信息化五个方面。新型建筑工业化最大限度节约建筑建造和使用过程的资源、能源，提高建筑工程质量和效益，并实现建筑与环境的和谐发展。在可持续发展和发展绿色建筑的背景下，新型建筑工业化已经成为我国建筑业的发展方向的必然选择。

自党的十八大提出要发展"新型工业化、信息化、城镇化、农业现代化"以来，国家多次密集出台推进建筑工业化的政策要求。特别是 2016 年 2 月 6 日，中共中央国务院印发《关于进一步加强城市规划建设管理工作的若干意见》，强调要"发展新型建造方式，大力推广装配式建筑，加大政策支持力度，力争用 10 年左右时间，使装配式建筑占新建建筑的比例达到 30％"；2016 年 3 月 17 日正式发布的《国家"十三五"规划纲要》，也将"提高建筑技术水平、安全标准和工程质量，推广装配式建筑和钢结构建筑"列为发展方向。在中央明确要发展装配式建筑、推动新型建筑工业化的号召下，新型建筑工业化受到社会各界的高度关注，全国 20 多个省市陆续出台了支持政策，推进示范基地和试点工程建设。科技部设立了"绿色建筑与建筑工业化"重点专项，全国范围内也由高校、科研院所、设计院、房地产开发和部构件生产企业等合作成立了建筑工业化相关的创新战略联盟、学术委员会，召开各类学术研讨会、培训会等。住建部等部门发布了《装配式混凝土建筑技术标准》《装配式钢结构建筑技术标准》《装配式木结构建筑技术标准》等一批规范标准，积极推动了我国建筑工业化的进一步发展。

东南大学是国内最早从事新型建筑工业化科学研究的高校之一，研究工作大致经历了三个阶段，第一个阶段是海外引进、消化吸收再创新阶段：早在 20 世纪末，吕志涛院士敏锐地捕捉到建筑工业化是建筑产业发展的必然趋势，与冯健教授、郭正兴教授、孟少平教授等共同努力，与南京大地集团等合作，引入法国的世构体系；与台湾润泰集团等合作，引入润泰预制结构体系；历经十余年的持续研究和创新应用，完成了我国首部技术规程和行业标准，成果支撑了全国多座标志性工程的建设，应用面积超过 500 万平方米。第二个阶段是构建平台、协同创新：2012 年 11 月，东南大学联合同济大学、清华大学、浙江大学、湖南大学等高校以及中建总公司、中国建筑科学研究院等行业领军企业组建了国内首个新型建筑工业化协同创新中心，2014 年入选江苏省协同创新中心，2015 年获批江苏省建筑产业现代化示范基地，2016 年获批江苏省工业化建筑与桥梁工程实验室。在这些平台上，东南大学一大批教授与行业同仁共同努力，取得了一系列创新性的成果，支撑了我国新型建筑工业化的快速发展。第三个阶段是自 2017 年开始，以东南大学与南京市江宁区政府共同建设的新型建筑工业化创新示范特区载体（第一期面积 5 000 平方米）的全面建成为标志和支撑，将快速推动东南大学校内多个学科深度交叉，加快与其他单位高效合作和联合攻关，助力科技成果的良好示范和规模化推广，为我国新型建筑工业化发展做出更大的贡献。

然而，我国大规模推进新型建筑工业化，技术和人才储备都严重不足，管理和工程经验也相对匮乏，亟须一套专著来系统介绍最新技术，推进新型建筑工业化的普及和推广。东南大学出版社出版的《新型建筑工业化丛书》正是顺应这一迫切需求而出版，是国内第一套专门针对新型建筑工业化的丛书，丛书由十多本专著组成，涉及建筑工业化相关的政策、设计、施工、运维等各个方面。丛书编著者主要来自东南大学的教授，以及国内部分高校科研单位一线的专家和技术骨干，就新型建筑工业化的具体领域提出新思路、新理论和新方法来尝试解决我国建筑工业化发展中的实际问题，著者资历和学术背景的多样性直接体现为丛书具有较高的应用价值和学术水准。由于时间仓促，编著者学识水平有限，丛书疏漏和错误之处在所难免，欢迎广大读者提出宝贵意见。

丛书主编 吴 刚 王景全

前　　言

随着我国劳动力成本的不断增加和机械化程度的不断提高,以及新型建筑材料和构件的发展,建筑工业化是必由之路。2016 年 2 月 6 日,中共中央、国务院发布了《关于进一步加强城市建设规划管理工作的若干意见》,提出"加大政策支持力度,力争用 10 年左右时间,使装配式建筑占新建建筑的比例达到 30％"。2016 年 9 月 30 日,国务院办公厅发布了《关于大力发展装配式建筑的指导意见》。业内盼望已久的建筑工业化发展的春天终于到来。

习总书记指出:"中国要美,农村必须美。"2015 年中央一号文件要求,坚持不懈推进社会主义新农村建设,让农村成为农民安居乐业的美丽家园。进一步明确了鼓励社会资本投向农村建设。美丽乡村和特色小镇建设为木结构别墅、轻钢建筑等创造了很好的机遇。国家正在大力鼓励退休人员去农村居住,农民工、企业家回乡建房,创业创新,工业化建筑将打开广阔的农村市场,特此将此书列入《新型建筑工业化丛书》。

与此同时,村镇工业化建筑的材料选择更加灵活,各种节能环保材料如竹木以及秸秆板材的运用,使其更加符合绿色建筑的概念。装配式建筑的内容覆盖结构、外围护、设备管线、内装四大系统,本书主要介绍主体结构。

本书大部分研究成果都得益于国家科技支撑计划的资助,凝聚了作者多年来在此方向上孜孜不倦的工作的心血。同时采纳国内应用基础广泛、行业普遍认同、具有可靠科研成果支撑的成熟技术体系。但因作者水平有限,时间紧迫,错误难免,自觉仍有许多不满之处,敬请批评指正。编写过程中吸取了很多相关书籍、论文的精华,在此向它们的作者深表感谢。

陈忠范

2017 年 4 月于南京

目　　录

第1章

概　述

1.1　村镇建筑的定义及简介

根据国家统计局 2017 年发布的数据显示,2016 年年末全国内地总人口 138 271 万人,其中城镇常住人口 79 298 万人,占总人口比重(常住人口城镇化率)为 57.35%,比上年末提高 1.25 个百分点。随着城镇化率的不断提高,城镇常住人口逐年增多,但农村人口所占比重仍然很大。因此对于村镇建筑仍有很大的需求,从住房和城乡建设部发布的《2014 年城乡建设统计年鉴》可以看出,2014 年全国村镇建设总投入 16 101 亿元,其中房屋建设投入 12 559 亿元,在房屋建设投入中,住宅建设投入 8 997 亿元,占房屋建设投入的 71.6%。这些数据更表明了目前村镇建筑的市场大有可为。

我国目前通过《村镇规划编制办法(试行)》对村镇规划实行统一标准。《镇规划标准》(GB 50188—2007)按规划期末常住人口的数量确定镇村规模,把镇村规划规模划分为小型、中型、大型和特大型四级;我国县域镇村体系规划中一般按镇村体系层次,自上而下依次划分为中心镇、一般镇、中心村和基层村四级。截止到 2014 年年末,全国共有建制镇 20 401 个,乡(苏木、民族乡、民族苏木)12 282 个。

村镇如同大城市一样,也是人类活动空间集中的结果,是一个相对独立的经济实体或经济区域;也是一个社会实体,是人口聚居点;是政治文化活动的中心区域。它具备政治、经济、社会服务三大功能。但是,村镇与城市的功能有着很大区别,从聚居区来看,城市是从事非农生产活动人口的聚居区,而村镇是从事农业生产活动和非农业生产活动的共居区,个人或家庭从事多种职业的兼业劳动者或兼业户比重较大;从服务对象来看,城市的服务对象以城市居民为主,而村镇以农村居民为主;农民到城市的次数很少,而村镇是农民常去的地方、生活的处所;农村与城市的联系方式是间接的,而村镇本身就包含了农村。

每个村镇的功能不是天然的、自发的,它是受各种因素影响而逐渐形成的,如村镇的地理位置、交通运输条件、基础设施状况、产业结构、人口结构等。也正是受村镇功能的影响,村镇建筑在建设过程中一般都依据各地特点因地制宜地进行。城市与村镇功能上的区别导致了村镇建筑与城市建筑的区别越来越明显:与城市中鳞次栉比的高层建筑相比,村镇建筑具有自己鲜明的特点。通常,中心镇作为县的政治经济中心,其建筑形式与一般城市建筑有相似之处,而一般镇的建筑形式则多为沿街道两旁分布的低层住宅,且成片或带状分布。而在农村则基本以每家每户的独立式一至三层建筑为主,并且多集群式分布;村镇建筑不仅是人民群众日常生活起居场所,也是人民群众参与日常生产生活的场所,具有宜居宜业的特点,比如居民可以在自家住宅附近种蔬菜等;另外村镇建筑一般是自建房,没有城市建筑的容积率限制,且层高一般相对较高,整体建筑面积大,自由活动范围广,并且也不需要缴纳物业费、停车费等额外费用。

在《村镇建筑抗震鉴定与加固技术规程》征求意见稿中规定,既有村镇建筑主要是指乡镇与农村中层数为一、二层的未进行抗震设防的一般建筑。在《村镇住宅设计规范》征求意见稿中规定,村镇住宅是供村庄、集镇中的居民家庭居住使用的建筑,未规定层数。在《农村防火规范》(GB 50039—2010)中规定,农村的厂房、仓库、公共建筑和建筑高度超过 15 m 的居住建筑的防火设计应执行现行国家标准《建筑设计防火规范》(GB 50016—2014)等的规定。为严谨起见,本书限定的村镇建筑是指在县城以下的农村非建制镇(乡)(不含中心镇)、行政村(中心村或基层村)的集体土地上建造的五层及以下的民用建筑。

根据调研发现,目前我国的村镇建筑的主体结构依旧以砖混和木结构为主,同时在建筑风格上具有鲜明的地域化和地区化特色。首先,在地域方面,现代的南北方村镇建筑存在明显差异。从外观上看,南方由于多雨、气候湿热,建筑多为坡屋面,且屋顶较高方便通风散热;而北方由于降水量少,多风沙,一般多建成平屋面,既节省材料,方便清理,又可以晾晒农作物等。从构造来看,北方由于冬季寒冷,强调保温,墙体一般较厚,窗户较小;而在南方没有保温要求,强调通风散热,墙体做得较薄,窗户尺寸较大。其次,在地区方面,受当地材料、环境气候以及传统文化等的影响,形成了具有鲜明当地特色的建筑,主要为东南沿海石结构、西南地区木结构、岭南民居、皖南民居、华北平原四合院、西北生土窑洞、藏区碉房以及内蒙古草原地区的帐房形式等。下面将简要进行介绍。

石结构建筑(图 1-1)是东南沿海地区普通人家经常采用的民居形式之一,具有造价低廉、取材方便、抗风耐湿、耐腐蚀性好等优点,主要分布在闽南沿海地区。福建省地震局"九五"期间调查数据显示,福建省农村石砌结构房屋面积约占农居总面积的 18.4%,闽南地区约有 2 000 多万 m² 的石砌结构房屋,约有 200 多万人居住。

西南地区少数民族比如:傣族、壮族、侗族、苗族、黎族、景颇族、德昂族、布依族等建造的木结构建筑多以干栏式(图 1-2)为主,一般为两层,底层架空,饲养牲畜,二层起居,具有通风、防潮、防兽等优点,主要分布在气候炎热、潮湿多雨的中国西南部亚热带地区,且不同的少数民族建筑均具有显著的民族特色。

岭南地区是指中国南方五岭之南的地区。该区域冬暖夏热,夏季日照时间长,气候炎热、空气潮湿,因此该区域建筑通常符合通风和阴凉的特征,同时受不同文化意识、生活习俗的影响,岭南地区所存在的民居建筑主要形式可以分为广府建筑、潮汕建筑、客家土楼(图 1-3)等。

图 1-1　沿海石结构

图 1-2　干栏式木结构

图 1-3　客家土楼

皖南民居(图1-4)作为徽派建筑的代表,大都呈现高墙深院、青瓦白墙的特点。其古村落不仅与地形、地貌、山水巧妙结合,而且加上明清时期徽商的雄厚经济实力对家乡的支持,文化教育日益兴旺发达,那些徽商还乡后以雅、文、清高、超脱的心态构思和营建住宅,使得古村落的文化环境更为丰富,村落景观更为突出。其主要位于安徽省长江以南山区地域范围内,并且以安徽宏村—西递为主。浓郁的文化气息和保存良好的传统风貌使得宏村—西递皖南民居早在2000年就被列入世界遗产名录。

华北平原地区的典型建筑形式则是四合院(图1-5),尤以北京为代表。其基本特点是沿南北轴线对称布置房屋和院落,大门开在东南角,房屋整体坐北朝南。既有利于采光,适应华北地区寒冷干燥的冬季,同时也能保有良好的私密性。

图 1-4　皖南民居

图 1-5　华北四合院

图 1-6　靠崖式窑洞

窑洞是中国西北黄土高原上居民的古老居住形式,广泛分布于黄土高原的山西、陕西、河南、河北、内蒙古、甘肃以及宁夏等省及自治区,主要有靠崖式(图1-6)和地坑院(图1-7)两大类。窑洞属于建筑学上的生土建筑,冬暖夏凉,是良好的节能建筑。

藏区和内蒙古地区的碉楼(图1-8),采用石或土砌筑而成,形似碉堡,故称碉房。碉房一般为2～3层,底层养牲畜,楼上住人。过游牧生活的蒙、藏等民族的住房还有"毡帐"(图1-9),这是一种便于装卸运输的可移动的帐篷。

图 1-7　地坑院

图 1-8　碉楼

图 1-9　帐房(蒙古包)

改革开放以来,随着我国城镇化速度的不断加快,我国城镇人均住宅建筑面积从改革开放初的 6.7 m² 提高到目前的 33 m² 左右,增加了近 4 倍。虽然村镇建筑的住宅面积在不断增大,但其在建设过程中依旧存在不少问题亟待解决,主要表现在以下几个方面:

1. 前期规划不足

现阶段,我国的新农村建设正在如火如荼的进行中。绝大多数地区都实现了村镇规划全覆盖,但在部分地区仍存在有对规划的认识不全面、不科学,偏重了村居建设、基础设施规划,忽视了产业发展、生态保护等专项配套规划,已有的专项规划之间也缺少有效衔接。部分地区的新农村规划缺乏差异性、个性化,只是照搬照抄、"重复模仿",或是跟着主观走,忽视当地实际的功能定位、产业现状、生态环境等因素,导致规划与建设农村不像农村、城市不像城市。

另外村镇建筑在选址上的随意性比较大,一般在施工前均没有地质勘察资料,进而避开不利的地质条件。并且平原地区的村镇建筑比较集中,成片分布,通常建筑的地基处理相似,没有合理的依据,使得村镇建筑在一定程度上存在建筑开裂、沉陷、倒塌等事故。对于山区和矿区的村镇建筑,除有可能存在上述不利地质情况外,所选的地方还有可能为泄洪区、风口、地下采空区等,易受泥石流、山体滑坡、水毁、风灾或坍塌等灾害威胁。

2. 建筑形式单一,特色缺失

许多村镇在建设时照搬城市建筑样式和模式,无明显特色。随着经济发展水平的不断提高,为求新求阔,现在好多农村建筑已由过去的火柴盒式的独栋规则建筑发展成平面上呈"L"型、"U"型、"凸"型等复合式的别墅建筑,并且建筑外形大都相似,呈现不伦不类的欧式风格,缺乏当地民居的特色。

村镇建筑在建设和规划的过程中与城市建筑相比还是有很大区别的。首先,村镇建筑既要充分利用周边的自然环境,与周边环境相融合,体现村镇建筑的优势,又要具有宽敞的空间来满足日常生产所需。不能只是单纯地排列整齐的小洋楼、笔直的水泥路,更要根据当地群众的生活习惯和精神文化需求来进行合理的规划和安排。其次,公共建筑作为居民文化活动等场所,代表着村镇的精神风貌,更应该展现出当地的文化特色和风土人情,而不能简单地追求"高大上",更应具有鲜明的特色。

3. 结构不合理,防灾性能弱

随着生活水平的逐步提升,许多村民在建造自家住宅时单一追求大空间、大跨度,使得结构布局不合理。此外由于没有相适应的结构强度,使得建筑整体受力不合理。一般的村镇建筑是没有设计图纸的,有些只有建筑施工图而没有结构施工图。另外,随意加层现象严重,尤其是在城中村,结构加层现象尤为明显,并且在改造前,并没有进行相应的整体加固等措施。

村镇民居抗震能力低。由于经济条件限制以及安全意识缺失的因素,使得村镇建筑安全隐患突出。根据云南省住房和城乡建设厅的评估,近五年的地震灾害损失近 80% 在农村,比如发生在 2008 年 8 月 30 日攀枝花—会理的 6.1 级地震,就造成当地数百人伤亡,数十万间农房倒塌。此外,一些地区农村抵御自然灾害的能力低下,每年在台风、山洪、河洪等灾害中损毁的房屋主要是农房;一些地区还有不少泥草房、土坯房等危旧住房,亟须改造。

4. 施工问题尤为突出

村镇建筑在建造过程中,由于缺少监督管理和技术引导,使得施工过程中存在种种问题,处于"三无"状态。主要体现在以下三个方面:

(1)建筑材料无保证。目前社会上的建材市场相当混乱,不合格、不标准、低质量的产品,冲击整个建材市场。据有关部门统计,整个建筑市场的材料抽查合格率不足 40%。同时受专业鉴别能力限制和经济条件制约,大部分村民不可避免地会使用到劣质建材。此外,水泥出厂超过三个月未进行复验直接使用,或者几种水泥混合使用,钢筋也盲目选择大直径等,都会给结构安全埋下隐患。

(2)施工人员无资质。农村建筑的施工队伍一般没有资质,人员也没有接受过专业的学习或培训,相当多的农村建设一线人员不了解建设规范和强制性标准,质量安全形势不容乐观。大多施工人员是跟着老师傅边干边学,摸索成才,施工也全凭经验。随着时代的进步和发展,他们所拥有的"专业知识"已不能满足目前出现的复杂建筑施工要求,而且施工安全意识淡薄,村镇建设多数是邻亲互帮,并不佩戴安全帽等安全措施。

(3)施工过程无依据。施工人员在配制砂浆、混凝土时不知道何为配合比,粗细骨料也不称量,凭经验搅拌,对砌筑砂浆或浇筑的混凝土要求达到的标号及强度心中无底,砌体质量差,灰缝不标准,通缝现象严重,砂浆饱满度不足。钢筋的连接方式大部分为绑扎搭接,但钢筋的搭接和锚固长度只是凭经验施工,未综合考虑结构抗震等级、构件混凝土强度等级、钢筋直径和级别等因素的影响;箍筋在所有的梁中都是一种间距,没有加密区或加密长度不足;未在土建施工前全面考虑水电安装和装饰装修,后期再对房屋进行剔凿、开洞或刻槽,既影响结构安全,也会对其他预埋管线的正常使用形成威胁,还会造成渗漏反而影响装饰效果和使用等。

5. 节能环保效果差

虽然我国从 20 世纪 80 年代就开始建筑节能工作,但直到现在建筑节能状况仍然不理想。特别是建筑能耗提高的速度远远超过建筑节能水平提高的程度,也就是能源使用效率很低。这与我国目前推行的绿色建筑相差甚远,需要改进。

其主要原因是由于一方面村镇居民缺乏节能意识、缺少节能技术,也很少懂得从多个方面采取节能措施。比如平房建筑的体形系数本来就较城市的多层建筑大,在同等保温条件下能耗就比城市建筑多 10%～30%,再加上围护结构过于单薄,外墙部分是 240 mm 厚砖墙,屋顶几乎没有任何保温隔热措施,门窗大都是单层门、大玻璃窗,本身就不利于保温隔热。再加上还有许多农民朋友为了省钱选用十分劣质低价的门窗材料,使农村居住建筑的保温隔热性能更是不容乐观。此外,部分村镇建筑甚至存在攀比现象,致使建筑层高过高,房间布局不合理,空间浪费严重,资源浪费,保温效果差。

另一方面农村建筑中一般选择的建材都没有环保要求。比如铺贴的瓷砖中含有放射性物质,家具中的甲醛含量超标,长期接触和使用都会对人体产生很多危害。有些农村建筑选择的施工工艺比较落后,施工中会产生大量的烟尘、有毒有害气体等;有些地区地坪以上仍在使用烧结黏土实心砖,造成大量农田被毁、污染环境,且节能效果差。改建和拆除工程中产生的大量建筑垃圾也是影响目前农村环境卫生的一大因素,因没有合理有效的处理方式,大部分的建筑垃圾只能随意倾倒或填埋,既影响村容环境,又污染土壤,破坏植被或水文地质状况。

结合上述问题以及目前的建筑行业的发展趋势,笔者认为,当代的村镇建筑发展需要从前期规划、建材选择、结构和建筑的设计以及施工全过程来进行保证。首先应该保证村镇建筑的安全性能。作为人民群众日常生活起居的主要场所,村镇建筑的安全性能关乎人民群众的生命财产安全,应在村镇建筑建设的全过程中,予以引导和监督。因此首先要保证建筑最基本的抗震性能。从建材来源及市场规范材料质量,培养合格的建筑施工人员,配置相应的专业技术人员,不断提高村镇建筑的质量。

1.2 工业化村镇建筑简介

改革开放 30 多年来,我国其他门类工业的现代化、工业化水平越来越高,而作为我国国民经济产业支柱之一的建筑业却发展缓慢。分散的、低水平的、低效率的传统粗放手工业生产方式仍占据主导地位。这一方面取决于建筑工业化内在的原因和我国的经济发展环境。由于建筑工业化生产方式可以较大幅度地提升劳动生产率,但是我国建筑业一直都是劳动密集型产业,且一直享受着廉价劳动力的优势,又能带来巨大就业,因此,建筑工业化的推动力不强。另一方面则是由于利益因素。近二十年来我国建筑规模不断增加,建筑业产值以每年 25% 的速度增长,且每年的新开工面积达到全球的一半,巨大的建设需求使得建筑企业没有时间与精力来进行建筑工业化技术的科研,开发商不愿意使用不成熟的建筑工业化技术。虽然在这个过程中也产生了不少带有建筑工业化元素的产业,如混凝土制品企业、建筑机械生产和制造企业等,但这些产业都没有能力拉动整个产业的工业化进程,整个建筑产业依然沿袭着传统的施工模式发展,没有太大的提升。

21 世纪以来,随着国民经济的持续快速发展,使得传统的建设模式既和大规模的经济建设很不适应,又与新型城镇化、工业化、信息化的发展要求相差甚远。同时节能环保要求的提高和我国人口红利的淡出,建筑业的"招工难""用工荒"现象已经出现,而且仍在不断地加剧,传统模式已难以为继。因此要改变我国建筑业现状,必须要摆脱对传统模式路径的依赖和束缚,努力寻求新型建筑工业化。

新型建筑工业化是一种整合设计、生产、施工等整个建筑产业链的可持续发展的新型生产方式,是建筑业的发展方向。当前我国正处于经济转型发展的关键时期,建筑业更是面临着发展理念更新、生产方式变革、生产成果转化的重要任务,在这重要的历史时期,推进新型建筑工业化具有重要意义:一是实现建筑施工从"建造"到"制造"的跨越,实现一种高效、低碳和环保要求的建筑业生产方式的变革;二是有效地提高建筑业的科技含量,降低资源消耗和环境污染,促进建筑业产业结构的优化和升级,推动建筑业发展方式由粗放型向集约型、效益型和科技型的转变;三是通过模块化设计、工厂化制造、集成化施工,形成建筑工厂化生产和施工能力,显著提高建筑业的劳动生产率,同时更有力地保证安全和质量。

此外随着政府的大力推动和相关地方政策的出台,使得建筑工业化的前景一片光明。2016 年 3 月 5 日,李克强总理在政府工作报告中提出:在深入推进新型城镇化过程中,要"积极推广绿色建筑和建材,大力发展装配式建筑。"国务院印发《关于深入推进新型城镇化建设的若干意见》(国发〔2016〕8 号)中提出:新型城镇化是现代化的必由之路,是最大的内需潜力所在,是经济发展的重要动力,也是一项重要的民生工程。包括:推动基础设施和公共服务向农村延伸;带动农村一、二、三产业融合发展等。浙江、江苏、山东等诸多省份也分别出台了建筑工业化相关文件,大力推行建筑工业化。

目前国外发达国家早已步入了工业化建筑的时代。其发展主要经历了三个阶段:20世纪五六十年代是住宅工业化形成的初期,重点是建立工业化生产体系;20 世纪七八十年代是住宅工业化的发展期,重点是提高住宅的质量和性能;20 世纪 90 年代后,是住宅工业化发展的成熟期,重点转向节能、降低住宅的物耗和对环境的负荷、资源的循环利用,倡导绿色、生态、可持续发展。

在日本每年新建的村镇低层住宅 20 万幢左右,建筑面积大约 300 万 m^2,它们大都是钢结构住宅,尤其是轻钢结构装配式住宅。二战后,为解决住房荒问题,英国与欧洲其他国家一样采用了工业化方式建设大量村镇住宅,六七十年代以后则在住宅的结构体系上出现了多元化的趋势:木结构、钢结构、预制混凝土结构等。澳大利亚早在 20 世纪 60 年代就提出了"快速安装预制住宅"的概念,但由于市场尚未成熟,并未得到很好的发展。其他国家,比如北美和大洋洲的村镇住宅建筑以木结构为主,因为当地木结构取材方便、价格低,所以上述地区国家的木结构住宅技术体系很成熟。近年来,奥地利、德国、瑞士等国的建筑公司专门制造供建造农村标准住宅用的成套预制构件,主要是为了适应新生住宅区用地的限制和加快住宅建造的进度。采用成套预制构件建造的装配式农村住宅,可以在较短时间内建成。农村住宅主要的结构形式,是双斜屋面中布置着阁楼的单层住房。

我国建筑工业化起步较晚。20 世纪五六十年代主要引进苏联的装配式大板建筑,七十年代末以全装配混凝土大板建筑为代表的装配式建筑繁荣发展,相关政策和标准开始配套和完善。之后装配式大板建筑暴露出的抗震性能、防水功能不足等缺点阻碍了装配式建筑的进一步发展。直到 2005 年之后,工业化建筑重新崛起并迅速发展,各种新型的装配式混凝土结构、钢结构、木结构、混合结构体系和相关技术才得以蓬勃发展和应用。中国工程院土木水利与建筑工程学部院士周福霖在中建一局主办的绿色建造与可持续发展论坛上表示,目前中国建筑工业化程度仅为 3%～5%,而欧美建筑工业化达 75%,瑞典更是高达 80%,日本也能达到 70%。

村镇建筑是建筑工业化的重要阵地。根据住房与建设部发布的数据显示,仅 2015 年我国村庄住宅的建房户数就高达 4 172 429 户,竣工建筑面积 56 591.8 万 m^2,截止到

2015 年年末,全国实有村镇建筑面积达到 2 551 752.83 万 m^2。对于村镇建筑在发展过程中所暴露的诸如结构布置、施工全过程以及节能环保等方面的问题,完全可以通过建筑工业化来避免。由此可见建筑工业化与村镇建筑的结合是必然趋势。

笔者认为我国村镇建筑实现建筑工业化不仅要借鉴国外村镇建筑发展的先例,还要吸取我国建筑工业化的历史经验,更重要的是结合我国现阶段的具体情况,既要做到充分发挥当地的资源优势,因地制宜,又能够很好地结合当地生活特色以及文化传统,比如推行工业化木结构、竹结构等。

工业化的装配式村镇建筑主要是由可以满足住宅不同功能的空间模块体系组成,并以厨房模块、卫生间模块、围护模块这几个基本模块为重点。这些模块根据所需设备的尺寸和占用空间的面积,经过精确化、标准化的设计,可以产生多种多样的尺寸和规模,甚至模块的空间形体也可不拘泥于传统的矩形,演变为其他形体。这几种基本模块通过不同的排列组合,并配合围护结构和交通空间,共同组合而形成农村装配式住宅。装配式住宅的优越性表现在各个模块体系间的组合以及模块体系与住宅面布置的完美融合。

装配式农村住宅的模块组合是多样化的组合、多种形式的组合,适应性强、灵活多变是模块体系的特点。装配式农村住宅模块体系的组合形式多种多样,千变万化,以适应不同家庭和不同居住模式。在功能和布局上做了人性化处理,解决了保温节能、太阳能热水、室内卫生间、污水处理和抗震等,实现了高度环保节能。为了满足人们对高品质生活的需求,增设了地暖系统、新风系统、太阳能系统等,新型太阳能热水和热源辐射电地暖等的配套使用,改变了农村传统住宅以烧煤烧炕为主的取暖方式。

目前在我国不少地区已经开始了村镇低层住宅工业化的进程。比如唐山试点装配式低层住宅,主体承重结构为轻型钢框架结构,所有钢构件均于工厂精细预制,并于现场采用全高强螺栓连接。围护墙板、楼板、屋面板采用发泡水泥等轻质、高强新型材料,根据受力要求配以钢筋和辅助掺合剂,经特定生产工艺预制成大中型板材,现场装配。具有保温隔热性能好、抗震性能高、节能环保、施工工期短等优点。

与传统的粗放型手工建筑业相比,工业化村镇建筑具有许多突出的优势:

(1) 可以与城镇化形成良性互动。当前,我国已步入工业化后期,工业化与城镇化进程加快,正处于现代化建设的关键时期。在建筑工业化与城镇化互动发展的进程中,一方面,城镇化快速发展、建设规模不断扩大为建筑工业化大发展提供了良好的物质基础和市场条件;另一方面,建筑工业化为城镇化带来了新的产业支撑,通过工厂化生产可有效解决大量的农民工就业问题,并促进农民工向产业工人和技术工人转型。

(2) 可以提高建筑质量,减少建筑事故。工业化建筑采用工厂事先预制好的构件,在现场进行就地拼装,通过标准化的设计模数和制作工艺,不仅避免了目前村镇建材市场的不规范做法,更减少了施工过程中由于人员专业素质低下以及施工过程中的不确定性因素对工程安全所造成的影响;也规范了建筑物结构设计以及布局的合理性和安全性,提高了村镇建筑的抗震能力;还简化了以前传统的建设模式,有利于政府的监督和安全责任的划分,从法律层面也可以更好地确保建筑质量,保障人民群众的生命财产安全。

（3）可以极大地缩短建造时间。工厂预制、就地拼装的生产方式，一般可缩短20%左右的建造工期，方便村镇建筑的快速投入使用，减少城镇化过程中村镇搬迁带来的不利影响。同时也有利于相关基础设施的建设，以便结合村镇规划，建设环境优美、设施配套、功能完善的现代化新型住宅。同时，建设污水、垃圾处理设施，控制污染工业的发展，改善村镇人居环境，增强村民幸福感。

（4）有利于提高建筑使用年限。工业化的建筑构件可以重复循环利用，拆除方便，便于保护和维修，同时随着人民物质生活水平的不断提高，可以更方便地对建筑和结构布局进行调整，来满足日益增加的建筑需求。比如加盖层数，改变建筑空间布局等。

（5）满足人民群众的各种建筑需求。随着物质生活水平和文化需求的逐步提升，居民对居住环境的要求、审美在逐步提高，对住宅建筑的要求也越来越高。相较于以往的建造形式，具有精细化特点的工业化的建筑构件，既可以按需求定制，又能够模拟各种细节，比如仿石头外立面、柱子的雕花等，既减少了后期装修所花费的时间、费用以及不便，又减轻了对生态环境造成的污染和破坏，同时也可以建设具有文化特色的村镇建筑。

（6）有利于实现绿色建筑。中国工程院院士、中国建筑股份有限公司技术中心顾问总工程师肖绪文指出，只有实现工业化才能实现绿色建造。目前，房地产行业占我国经济总量的7%，带动相关产业占比也超过三分之一，其能耗占比也超过40%。因此，降低其能耗，是实现我国绿色、节能环保的重要渠道。采用规格化的预制构件可以避免村镇建筑现场施工带来的建筑垃圾、噪音污染、环境污染等生态危害。工业化建筑可以因地制宜，根据当地的气候环境进行相应的设计和施工，减少能源消耗，实现节能，进而为当地居民提供舒适宜居的生活环境。

目前随着国家政策的大力推行和建筑行业的转型发展，使得各种工业化装配式建筑体系蓬勃发展，但考虑到村镇建筑建造过程中实际存在的复杂情况，相对而言，砌块建筑体系、中型板材建筑体系等制作、运输、施工方便且工艺简单、适应性强的装配式体系才能更好地在村镇中推行。由中国建筑设计研究院、中国建筑科学研究院、中国建筑标准设计研究院、天津大学等参与的"村镇建筑低成本抗震与隔震砌体结构新技术及应用"项目针对村镇建筑抗震与隔震设计中的关键问题，首次研发了带构造柱孔的新型混凝土空心砌块砌体结构和带竖向构造钢筋再生混凝土砖砌体结构等两种低成本新型抗震砌体结构，通过理论模拟和实验研究，证明其抗震性能良好。另外蒸压加气混凝土装配式多层砌体墙结构体系及实现零能耗的被动房目前也颇受重视。

本书按照材料分类，依次介绍了村镇工业化混凝土框架结构、轻钢结构、秸秆板轻钢发泡混凝土剪力墙结构、木结构和竹结构。

参考文献

［1］国家统计局. 中华人民共和国 2016 年国民经济和社会发展统计公报［DB/OL］. http://www. stats.gov.cn/tisj/zxfb/201702/t201702281467424.html，2017.02.28

［2］邰艳丽,刘海燕.我国村镇规划编制现状、存在问题及完善措施探讨［J］.规划师,2010,26(6):
69-74

［3］中华人民共和国住房和城乡建设部.中国城乡建设统计年鉴［M］.北京:中国统计出版社,2015

［4］左停,鲁静芳.国外村镇建设与管理的经验及启示［J］.城乡建设,2007(3):70-73

［5］张颖,王辉山,蔡辉腾,等.福建沿海石结构房屋抗震性能调查与分析［J］.内陆地震,2016,30(3):
211-220

［6］梁伟伟,张尚.新农村建设中的规划问题及对策建议［J/OL］.城市建设理论研究(电子版),2015,3:
2 413-2 414

［7］温晓龙.浅析农村建筑中存在的问题及解决之道［J］.建筑安全,2014,29(9):73-76

［8］鞠洪磊.邯郸农村住宅节能设计策略研究［D］.邯郸:河北工程大学,2014

［9］贺灵童,陈艳.建筑工业化发展的瓶颈与思路［J］.施工企业管理,2014(5):50-52

［10］建筑产业现代化网.推进新型建筑工业化的重要意义［DB/OL］.http://www.new-ci.com/html/
48/898.htm,2014.06.09

［11］中华人民共和国住房和城乡建设部.中国城乡建设统计年鉴［M］.北京:中国统计出版社,2016

［12］王亮,徐黎.吉林省农村装配式住宅模块体系设计研究［J］.吉林省经济管理干部学院学报,2011,
25(6):37-40

［13］李成业.改善农村住宅结构助推美丽乡村建设——装配式低层住宅［J］.房地产导刊,2015:33

［14］薛秀春.装配式住宅:绿色的选择［N］.中国建设报［DB/OL］.http://www.chinajsb.cn/bz/con-
tent/2014-10/20/content_142775_2htm,2014.10.20

［15］叶明,武洁青.关于推动新型建筑工业化发展的思考［J］.住宅产业,2013(Z1):11-14

第 2 章

装配式混凝土框架结构

2.1 概述

2.1.1 装配式框架结构的定义

装配式混凝土框架结构通常是指梁、柱、楼板部分或全部采用预制构件,通过连接形成整体的结构体系。其中,柱、梁、楼板的连接方式是预制混凝土结构与现浇混凝土结构的根本区别,也是区分各类预制混凝土框架结构的主要依据,它直接决定了预制混凝土框架结构的整体力学性能。

预制混凝土框架结构主要用于需要开敞大空间的厂房、仓库、商场、停车场等建筑。装配式结构的适用高度、抗震等级与设计方法与现浇结构基本相同。除承重构件外,装配式混凝土框架结构的围护构件可采用预制外挂墙板的方式,实现主要结构和构件接近100%的预制化率,尽量减少现场的湿作业。

2.1.2 装配式混凝土框架结构的分类

装配式混凝土框架结构按照构件拆分方案可划分为:(1)单梁单柱式;(2)框架式;(3)混合式。单梁单柱式是把框架结构中的梁、柱按每个开间、进深、层高划分成直线形的单个构件,这种划分使构件的外形简单,重量较小,便于生产、运输和安装,是应用较多的一种方式。如吊装设备条件允许,也可采用直通两层的长柱和挑出柱外的悬臂梁方案,如图 2-1 所示。框架式是将整个框架划分成若干个小的框架。小框架本身包括梁、柱,甚至楼板,可以做成多种形状,如 H 形、十字形等。与单梁单柱方案比较,这种划分扩大了构件的预制范围,可以简化吊装工作,加快施工进度,接头数量少,有利于提高整个框架的刚度。但是它的构件形状复杂,不便生产和运输。同时,这种构件的重量较大,只能在运输、安装设备条件允许的情况下采用(图 2-2)。混合式是同时采用单梁单柱与框架两种形式,可以根据建筑结构布置的具体情况选用,如图 2-3 所示。

装配式混凝土框架按照承重构件的连接方法可划分为:(1)湿连接框架;(2)干连接框架。湿连接框架是指在框架结构的预制构件之间浇筑混凝土或者灌注水泥浆而形成的整

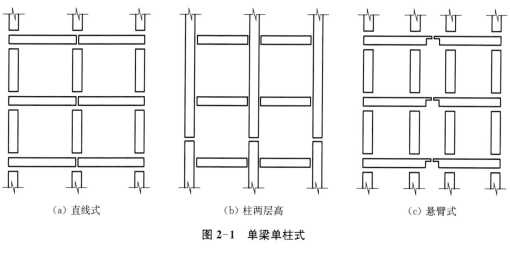

（a）直线式　　　　　　　（b）柱两层高　　　　　　　（c）悬臂式

图 2-1　单梁单柱式

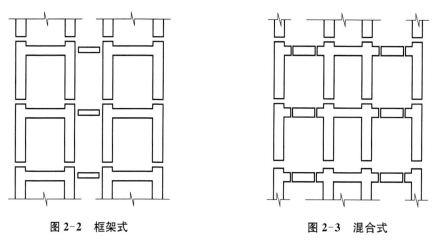

图 2-2　框架式　　　　　　　　　　　图 2-3　混合式

体框架结构。这种连接方式是为了实现装配式框架结构与全现浇框架具有相当的强度和延性,因此又被称为仿现浇连接。这种连接方式须现浇混凝土,其模板支撑和养护大大降低了装配式框架结构的施工速度,成本相对较高。干式连接框架是指框架的预制构件之间采用干式连接,通过在连接的构件内植入钢板或者其他钢部件,通过螺栓连接或者焊接形成整体框架。干连接与湿连接的另一个明显不同在于:在湿连接框架中,设计允许的塑性变形往往设置在连接区以外的区域,连接区保持弹性;而干连接的框架则是预制构件保持在弹性范围,设计要求的塑性变形往往仅限于连接区本身,在梁柱结合面处会出现一条集中裂缝。因此与类似的现浇结构相比,可以预期装配式混凝土结构构件的破坏程度要小得多,容易实现震后修复。

2.1.3　装配式混凝土框架结构体系及节点连接技术

装配式混凝土框架结构根据是否使用预应力技术可分为两大类,一类是预应力装配式框架结构,主要包括装配式整体预应力板柱框架结构(IMS 体系)、世构体系、预压装配式预应力框架结构等,其中世构体系在我国的应用较为广泛;另一类是非预应力装配式框架结构,在我国较为常用的是台湾润泰体系。

1. 装配式整体预应力板柱框架结构

装配式整体预应力板柱框架结构(IMS 体系)是采用普通钢筋混凝土材料,由构件厂预制钢筋混凝土楼板、柱等构件,在施工现场就位后通过预应力钢筋整体张拉形成整体预应力钢筋混凝土板柱结构。它是南斯拉夫最普遍采用的工业化建筑体系之一。这种体系分别在 1969 年和 1981 年经历了南斯拉夫两次大地震,表现出了卓越的抗震性能。装配式整体预应力板柱框架结构传统上多用于多层厂房,作为住宅建筑一般多为多层结构。

自唐山地震后,我国引进装配式整体预应力板柱结构,国家建筑研究院结构所、抗震所、设计所等单位进行了大量的构件、节点、拼板、机具等试验研究,并先后在北京、成都、唐山、重庆、沈阳、广州、石家庄等地建成科研楼、办公楼、住宅楼、车间、仓库等 2~12 层房屋十多幢,约 4 万平方米。装配式整体预应力板柱框架结构其预制楼板为方形或长方形。该体系施工时,现场先竖起预制的钢筋混凝土方柱(一般 2~3 层为一节),用临时支撑将其固定,再搭接支架搁置预制楼板(每跨为一整块楼板),待一层楼板全部就位后,铺设通长的预应力钢筋并通过张拉使楼板与柱之间相互挤紧,如图 2-4、2-5 所示。必要时沿纵横方向对预应力钢筋加竖向折力,使其产生弯曲折力,以补偿预应力损失,同时提供上抬力支托结构自重。楼板依靠预应力及其产生的静摩擦力支承并固定在柱子上,板柱之间形成预应力摩擦节点,最后在边肋中灌注细石混凝土。预应力筋同时充当着结构受力钢筋以及拼装手段两种角色。

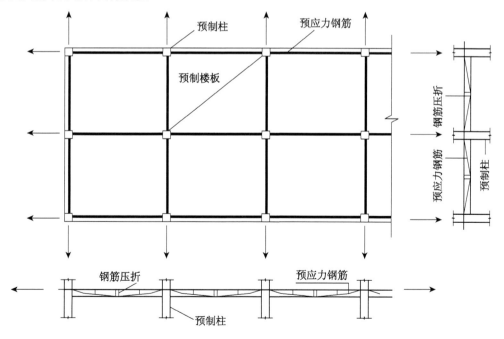

图 2-4 板柱框架体系平面布置及施加预应力示意图

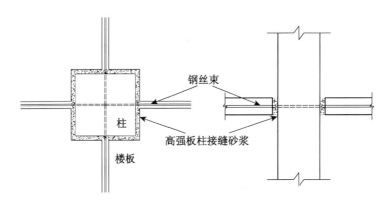

图 2-5　板柱节点平面示意图

这种结构原柱间的一整块大板可分为多块小板,拼板之间通过垫块传递挤压应力,形成了我国特有的垫块式拼板技术,如图 2-6。这样既减小了板的尺寸,便于制作、运输和安装,又增大了结构跨度,使其应用更具灵活性。实际工程中根据纵横两个方向的柱距不同,板的划分形式也不同,柱间的一块整板也可以采用两板、三板、四板或六板等多块拼板形式。

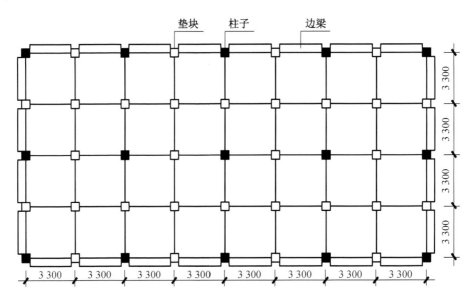

图 2-6　多拼板整体预应力板柱框架体系平面布置示意图(单位:mm)

装配式整体预应力板柱框架结构与一般常规框架结构相比,主要具有以下特征:

(1)该结构无梁、无柱帽、板底平整、结构跨度大,住户可以根据需要对室内隔墙进行调整,不受梁的约束,用途变更方便,空间布置灵活。

(2)该结构区别于其他结构体系的基本理论,依靠板柱之间的摩擦力来支撑楼面荷载,通过双向预应力的施加构成全装配式的无梁无柱帽楼盖,双向预应力筋使每条轴线形成预应力"圈梁",这些圈梁像箍一样使整个楼层作为一个水平刚度很高的整体,以保证地震荷载等水平力合理地传给竖向构件。

（3）该结构的连接节点是具有自动调节和主动增长作用的柔性节点。在外力撤除后，可立即恢复到原位。在楼顶顶推时，各层变形基本呈线性曲线。这种结构的整体性好，具有较强的抗震能力。

2. 世构体系

世构体系是基于套筒灌浆连接技术的预制预应力混凝土装配整体式框架结构体系，该体系楼板采用预应力混凝土叠合板体系。它是法国预制预应力混凝土建筑（PPB）技术的主要制品，其原理是采用独特的键槽式梁柱节点，将现浇或预制钢筋混凝土柱、预制预应力混凝土梁、板，通过后浇混凝土使梁、板、柱及节点连成整体。

在工程实际应用中，世构体系主要有 3 种装配形式：一是采用预制柱，预制预应力混凝土叠合梁、板的全装配；二是采用现浇柱、预制预应力混凝土叠合梁、板，进行部分装配；三是仅采用预制预应力混凝土叠合板，适用于各种类型结构的装配。此三类装配方式以第一种最为省时。由于房屋构成的主体是部分或全部为工厂化生产，且桩、柱、梁、板均由专用机具制作，工装化水平高，标准化程度高，因此装配方便，只需将相关节点现场连接并用混凝土浇注密实，房屋架构即可形成。

在 2000 年，南京大地集团公司引进世构体系，l 多年来在南京建筑市场上完成了约 100 万 m² 的工程，并制订了江苏省工程建设推荐性技术规程《预制预应力混凝土装配整体式框架（世构体系）技术规程》（JG/T 006—2005）。其中代表性的建筑有南京审计学院国际学术交流中心、南京金盛国际家居广场江北店、南京红太阳家居广场迈皋桥店等。南京审计学院国际学术交流中心采用了预制柱、预制预应力混凝土叠合梁、叠合板的全装配框架结构形式，主体工程造价比现浇框架结构降低了 10% 左右。南京金盛国际家居广场江北店和南京红太阳家居广场迈皋桥店均采用了现浇柱、预制预应力混凝土叠合梁、叠合板的半装配框架结构形式，与现浇结构相比，建设工期大大缩短。

世构体系的预制构件包括预制钢筋混凝土柱、预制混凝土叠合梁、叠合板。其中叠合梁、叠合板预制部分受力筋采用高强预应力钢筋（钢绞线、消除应力钢丝），先张法工艺生产。

预制柱底与混凝土基础一般采用灌浆套筒连接，基础中的预埋套筒的位置如图 2-7 所示。其中，预留孔长度应大于柱主筋搭接长度，预留孔宜选用封底镀锌波纹管，封底应密实不漏浆，管的内径不应小于柱主筋外切圆直径。

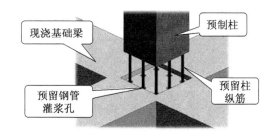

图 2-7　预制柱与现浇基础连接节点

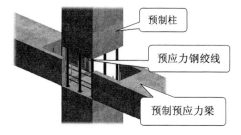

图 2-8　预制梁（槽键）与预制柱连接节点

预制梁与柱采用键槽式节点式连接(图2-8),这也是世构体系最大的特色。通过在预制梁端预留凹槽,预制梁的纵筋与伸入节点的U型钢筋在其中搭接。U型钢筋主要起到连接节点两端的作用,并将传统的梁纵向钢筋在节点区锚固的方式改变为预制梁端的预应力钢筋在键槽,即梁端塑性铰区搭接连接的方式,最后再浇筑高强微膨胀混凝土达到连接梁、柱节点的目的。

预制预应力叠合板和预制梁的连接节点如图2-9所示。典型的预制柱做法如图2-10所示。其中预制柱层间连接节点处应增设交叉钢筋,并与纵筋焊接,在预制柱每侧应设置一道交叉钢筋,其直径应按运输施工阶段的承载力及变形要求计算确定,且不应小于12 mm。此外,柱就位后用可调斜撑校正并固定。因受到构件运输和吊装的限制,预制柱有时不能一次到顶,必须采用接柱形式。接柱可采用型钢支撑连接,也可采用密封钢管连接,具体的连接方法因具体工程而定。图2-11为预制柱、叠合板现场施工照片。

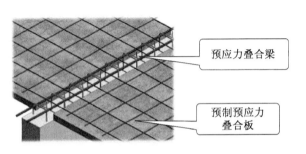

预应力叠合梁

预制预应力
叠合板

图2-9 预应力叠合板与预制梁连接节点

图2-10 预制柱层间节点

图2-11 预制柱、叠合板现场施工

世构体系与一般常规框架结构相比,主要具有以下特征:

(1)预制梁板采用预应力高强钢筋及高强混凝土,梁、板截面减小,钢筋和混凝土用量减少,且楼板的抗裂性能提高。

(2)预制柱采用节段柱(两三层柱预制),梁、板现场施工均不需模板,减少主体结构施工工期。

(3)楼板底部平整度好,不需粉刷,减少了湿作业量,有利于环境保护,减轻噪音污染,现场施工更加文明。

(4)叠合板预制部分不受模数的限制,可按设计要求随意分割,灵活性大,适用性强。

（5）由于预应力叠合板起拱高度无法准确控制，完工后可能出现明显的拼装裂缝。

（6）一般采用预应力叠合楼盖的结构体系适用抗震设防烈度小于等于 8 度的地区，虽然特殊的节点构造提高了世构体系的整体性能及抗震性能，但作为装配式框架结构，其适用范围限制在抗震设防烈度小于等于 7 度的地区。

3. 预压装配式预应力混凝土框架结构

预压装配式预应力混凝土框架结构起源于日本在 20 世纪 90 年代初研发出的一项名为"压着工法"的新技术，图 2-12 为压着工法示意图，它是在预制工厂中预制主梁和柱，并对梁进行一次张拉，并预留二次张拉的钢筋孔道。梁、柱就位后，将后张预应力筋穿过梁、柱预留孔道，对节点实施预应力张拉预压（二次张拉）。后张预应力筋既可作为施工阶段拼装手段，形成整体节点，又可在使用阶段作为受力钢筋承受梁端弯矩，构成整体受力节点和连续受力框架。在遭遇地震作用后，结构具有很强的弹性恢复能力，预应力的作用使得地震造成的裂缝闭合，节点恢复刚性，结构可以继续正常工作。克服了装配式框架节点整体性差、抗震性能差和梁端抗弯能力弱的缺陷，又解决了预应力混凝土框架难以装配的问题，形成预制预应力混凝土装配整体式框架。图 2-13 为预压装配式预应力框架现场施工图。

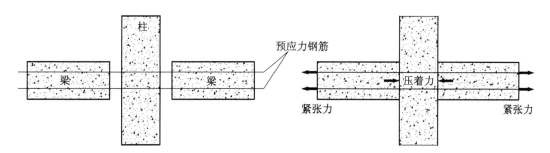

图 2-12　压着工法示意图

图 2-13　现场施工图

图 2-14　日本品川住宅楼

至今为止，日本采用"压着工法"施工已建造了包括学校、停车场、仓库、工厂等 40 余幢建筑。其中代表性建筑为横滨国际综合竞技场和品川住宅楼。横滨国际综合竞技场的建筑面积为 17.1 万 m²,周长达到 850 m。为了适应混凝土的干燥收缩和温度变形,通常每隔 60～90 m 应设置一道伸缩缝。采用"压着工法"施工技术,将整个建筑划分为四个区域,穿连预应力筋,实施预应力张拉,有效地控制了混凝土收缩和温度变化产生的应力。图 2-14 为日本品川住宅楼,总层数为 23 层,建筑面积为 18 000 m²。

图 2-15 为预压装配式预应力框架示意图。在预压装配式预应力框架结构中,次梁也可采用预应力混凝土梁,其与框架主梁的连接也可采用"压着工法"。采用"压着工法"完成了预应力框架及次梁的拼装后,再在梁上铺设预制预应力混凝土薄板,然后再浇筑混凝土叠合层(图 2-16)。叠合层与预制板有效地连接成为整体,保证了楼板平面内的整体刚度,增强了结构的整体性。预制薄板既是叠合板的组成部分,又可兼作模板,从而节省了大量的模板费用,也降低了工时消耗。

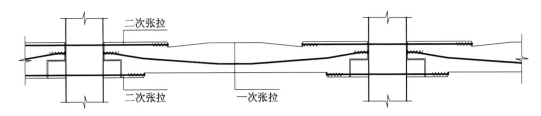

图 2-15　预压装配式预应力框架示意图

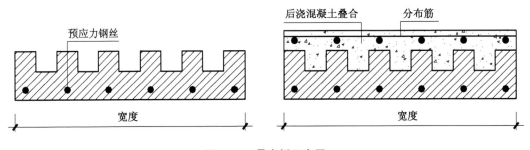

图 2-16　叠合板示意图

预压装配式预应力混凝土框架结构有机地将预应力混凝土和装配式结构结合起来,使其不仅能发挥预应力混凝土的优越性,还能体现出装配式结构的各项优点。具体表现为:

(1) 二次张拉使得节点由铰接变为刚性节点。由于节点核心区混凝土处于双向受压状态(梁水平预压、柱竖向轴压力),混凝土的横向变形受到侧向压应力的约束,在水平地震力作用下,预压装配式框架的节点有较强的抗裂能力和抗剪承载力,符合框架抗震设计的"强节点"要求,克服了传统装配式结构铰接节点受力可靠性差的缺陷,增强了结构的抗震性能。震后结构具有了很强的弹性恢复能力,从而可以继续使用。

(2) "压着工法"解决了装配式混凝土框架难以装配的问题,形成了预制预应力混凝土装配整体式框架。

（3）二次张拉的预应力筋可承受负弯矩，节点两侧预制构件受力连续，从而构成了连续框架，增强了装配式结构的整体性。

（4）预应力筋能有效地控制装配式混凝土结构在预制梁、柱拼接处产生的裂缝，提高了节点处的抗裂性能；同时，预应力也提高了构件的抗裂性能，从而增强了预压装配式结构的耐久性。

4. 润泰体系

润泰预制框架结构体系是一种基于多螺旋箍筋配筋技术的预制装配整体式框架结构体系。该结构体系采用预制钢筋混凝土柱、叠合梁及叠合板，通过钢筋混凝土后浇部分将柱、梁、板及节点连成整体。润泰体系的核心技术在于预制多螺旋箍筋柱、套筒式钢筋连接器及超高早强无收缩水泥砂浆、预制隔震工法开发及预制外墙饰面效果技术开发。

1995 年开始，台湾润泰集团引进芬兰 Partex 全套预制生产技术及干混砂浆生产线，外加日本抗震设计技术及自创钢筋加工技术、先进信息科技技术的运用等，将台湾地区的预制混凝土装配式工艺充分发挥并不断地创新研发，已经成为台湾建筑产业复合化工法的先驱。应用润泰体系，在台湾地区已建成 500 万 m^2 以上的商业大厦和厂房，在上海、江苏等地也完成多个工程项目的试点应用。

润泰体系的预制构件包括预制钢筋混凝土柱、预制混凝土叠合梁及叠合板。它采用了传统装配整体式混凝土框架的节点连接方法，即柱与柱、柱与基础梁之间采用灌浆套筒连接，通过现浇钢筋混凝土节点将预制柱与叠合梁连接成整体，如图 2-17 所示。该连接节点的主要特点是预制梁端部伸出纵向钢筋并弯起，预制柱内纵向钢筋向柱 4 个角部靠拢，柱每边中间留出空隙，便于预制梁端部伸出的纵筋直接在柱节点区域内锚固，梁柱节点区域与叠合板一起现浇形成预制装配整体结构。润泰体系的施工过程为首先将预制柱吊装就位，利用无收缩灌浆料对预制柱进行灌浆，以实现柱与基础或上层柱与下层柱的连接。随后依次进行大梁吊装、小梁吊装、梁柱接头封模及大小梁接头灌浆，最后进行叠合楼板的吊装、后浇，形成框架整体。图 2-18、图 2-19 分别为预制柱、预制大梁的施工图。

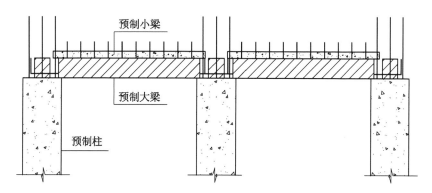

图 2-17 框架梁柱节点示意图

图 2-18　预制柱施工图

图 2-19　预制梁堆放图

　　图 2-20 为其预制多螺旋箍筋柱示意图。该柱的配置方式是以一个中心的大圆螺箍再搭配四个角落的小圆螺箍交织而成,这种配置突破了传统上螺箍箍筋仅适用于圆形断面柱的限制。圆螺箍在结构效能及生产的效率上与方形箍相比,都有大幅提升。

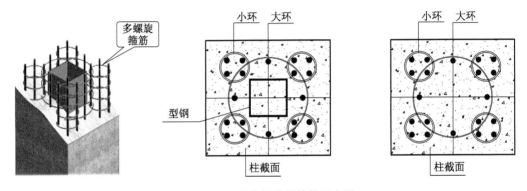

图 2-20　预制多螺旋箍筋柱示意图

　　图 2-21 为润泰体系的半预制隔震工法示意图,该工法已实际运用在 2008 年台湾大学土木楼,采用预制观念改良了传统的隔震工法,将隔震与预制结合,完成了比日本更快的隔震层建设速度。

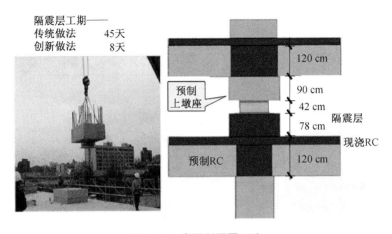

图 2-21　半预制隔震工法

润泰体系与一般常规框架结构相比,主要具有以下特征:

(1) 构件生产阶段采用螺旋箍筋,减少了工厂箍筋绑扎量,相对提高了工厂构件生产效率;

(2) 采用预制梁、板、柱,减少了现场模板用量及周转架料用量;

(3) 该体系成本较现浇框架高,工程质量更易控制,构件外观、耐久性好;

(4) 润泰体系装配框架结构用于抗震设防烈度小于等于 7 度的地区。

2.1.4　装配式混凝土框架结构的应用现状

装配式混凝土框架结构建筑在欧美、日本的发展已经比较成熟,工程实例较多。西欧是预制混凝土结构的发源地,装配式混凝土框架结构的应用非常普遍。五六层以下的居住建筑中大量采用装配式混凝土框架结构,很好地满足了不同体型和立面形式的建筑要求。第一个装配式混凝土框架建筑位于英国的 Swansea。20 世纪 80 年代中期,位于地震带上的新西兰建造了大量的民用住宅,其中广泛应用了预制混凝土框架结构。现如今,新西兰绝大部分的框架结构都是预制预应力混凝土框架结构。进入 20 世纪 90 年代,法国建筑的工业化朝着住宅产业现代化的方向发展,法国 PPB 国际公司创建了一种预制预应力装配整体式混凝土框架结构体系,称为世构(SCOPE)体系,目前已在法国建有 19 家预制工厂,并在 30 余个国家和地区得到推广应用。美国的装配式混凝土框架应用也较为广泛,2001 年 7 月竣工的位于圣弗朗西斯科商业中心的 Paramount 公寓楼是美国地震设防区里最高的混合连接装配式混凝土框架结构,其高度达到 128 m。目前世界上使用装配式建筑最多的国家是芬兰,使用率高达 42%。日本装配式建筑使用率为 15%,远远超出了其他亚洲国家,具有代表性成就的是 2008 年采用预制装配框架结构建成的两栋 58 层的东京塔。图 2-22～图 2-25 为西方各国装配式框架建筑。

图 2-22　新西兰装配式住宅

图 2-23　澳大利亚装配式厂房

我国装配式混凝土框架结构的发展起始于台湾、香港地区。台湾地区于 20 世纪 70 年代开始推动房屋建筑工业化,在集合住宅建设中大量使用预制工法。自 1985 年起,台湾润泰集团对预制生产技术进行引进和研发,台湾装配式混凝土框架结构得到迅速发

图 2-24　美国洛杉矶某装配式框架住宅

图 2-25　瑞典某装配式框架施工过程

展,实际工程日益增多。台湾地区装配式混凝土框架结构体系和日本、韩国接近,装配式框架的节点连接构造和抗震、隔震技术的研究和应用都很成熟,装配框架梁柱、预制外墙挂板等构件应用较广泛,预制建筑专业化施工管理水平较高、建筑质量好、工期短的优势得到了充分体现。具体的工程实例如台湾大学土木楼和台北市灾害应变中心。这两栋大楼均为装配式混凝土框架结构建筑,并且均采用了隔震技术。台湾大学土木楼(图 2-26)于 2008 年 1 月 12 日正式动工,地上结构则以 5 天组装一层楼(主结构)的进度,在不到 6 个月的时间内建造完成,隔震层工期也从原本的 23 天缩短到了 3 天。而台北市灾害应变中心也因为采用了装配式施工工艺,平均 10 天内即完成一个楼层结构体,故在短短一年多时间即竣工,此工程代表台北市参加 2007 年度第七届公共工程金质奖评选,荣获优等奖殊荣。

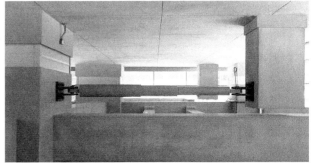

图 2-26　台湾大学土木楼及隔震支座

　　由于施工场地限制、环境保护要求严格,我国香港地区的装配式建筑应用非常广泛,并提出了“和谐式”公屋的多种系列的标准设计,这使得房间尺寸相互配合,建筑构件的尺寸得以固定,形成了公屋专用体系的预制生产,新开工的公屋全部采用预制、半预制构件和定型模板建设。香港厂房类建筑大多采用了装配式混凝土框架结构。

　　装配式混凝土框架结构建筑在我国内地的应用也逐渐升温。20 世纪 70 年代,由上海工业建筑设计院主持开展了多层厂房工业化建筑体系的研究,提出了梁、板、柱全预制的装配式框架结构,以及现浇柱、预制梁板的半装配式框架结构。采用"通用建筑体系",走构件定型化生产的途径,将定型构件进行不同组合,可以构成不同要求的厂房。20 世纪 70 年代后期,我国引进了南斯拉夫预制预应力混凝土板柱结构体系,即 IMS 体系。到目前为止,中建一局科研院等三十多个科研、设计、施工单位对 IMS 体系进行了系统的开发和研究,累计建成近 30 万 m² 整体板柱预应

图 2-27　万科上坊公寓保障房

力建筑,为该体系在我国的广泛应用起到了推动作用。在 2000 年,南京大地集团公司从法国引进预制预应力钢筋混凝土装配整体式框架结构体,即世构体系。近十年来在南京建筑市场上完成了约 100 万 m² 的工程。万科企业股份有限公司等多家单位也建造了一批试点工程,万科集团在深圳投资建设了"万科住宅产业化研究中心",并积极推进房地产开发项目的预制装配和精装修集成,在我国南方地区偏重于引进日本常用的预制框架或框架结构外挂板技术。图 2-27 为万科上坊公寓保障房,该建筑是目前我国内地全预制装配结构高度最高、预制整体式技术集成度最高的工业化住宅。

2.2　基本规定

2.2.1　适用高度和抗震等级

装配整体式混凝土框架结构的适用高度应符合表 2-1 的规定。

表 2-1　预制混凝土装配整体式结构房屋的最大适用高度(m)

结构类型	非抗震设计	抗震设防烈度			
		6 度	7 度	8 度(0.2g)	8 度(0.3g)
装配整体式框架结构	70	60	50	40	30

注:房屋高度指室外地面到主要屋面的高度,不包括局部突出屋顶的部分。

装配整体式混凝土框架结构、装配整体式混凝土框架-现浇剪力墙结构应根据设防类别、烈度、结构类型和房屋高度采用不同的抗震等级,并应符合相应的计算和构造措施要求。丙类建筑的抗震等级应符合表 2-2 的规定。

表 2-2　丙类预制混凝土装配整体式结构的抗震等级

结构类型		抗震设防烈度					
		6 度		7 度		8 度	
装配整体式框架结构	高度(m)	≤24	>24	≤24	>24	≤24	>24
	框架	四	三	三	二	二	一
	大跨度框架	三		二		一	

注：1. 建筑场地为 I 类时，除 6 度外允许按表内降低一度所对应的抗震等级采取抗震构造措施，但相应的计算要求不应降低。

2. 接近或等于高度分界时，允许结合房屋不规则程度及场地、地基条件确定抗震等级。

3. 乙类装配整体式结构应按本地区抗震设防烈度提高一度的要求加强其抗震措施；当建筑场地为 I 类时，仍可按本地区抗震设防烈度的要求采取抗震构造措施。

4. 大跨度框架指跨度不小于 18 m 的框架。

预制混凝土装配整体式结构的平面布置宜规则、对称，并应具有良好的整体性；建筑的立面和竖向剖面宜规则，结构的侧向刚度宜均匀变化，竖向抗侧力构件的截面尺寸和材料强度宜自下而上逐渐减小，避免抗侧力结构的侧向刚度突变。

同现浇框架一样，装配整体式多层框架结构不宜采用单跨框架结构，高层的框架结构以及乙类建筑的多层框架结构不应采用单跨框架结构。楼梯间的布置不应导致结构平面的显著不规则，楼梯构件应进行抗震承载力验算。

2.2.2　材料

装配整体式混凝土框架所使用的混凝土应符合下列要求：预制构件的混凝土强度等级不宜低于 C30，现浇混凝土强度等级不应低于 C25。

普通钢筋宜采用 HRB400 和 HRB500 钢筋，也可采用 HPB300 和 HTRB600 钢筋。抗震设计构件及节点宜采用延性、韧性和焊接性较好的钢筋，并满足现行国家标准《建筑抗震设计规范》(GB 50011)的规定。

按一、二、三级抗震等级设计的框架和斜撑构件，其纵向受力普通钢筋应符合下列要求：钢筋的抗拉强度实测值与屈服强度实测值的比值不应小于 1.25；钢筋的屈服强度实测值与屈服强度标准值的比值不应大于 1.30；钢筋最大拉力下的总伸长率实测值不应小于 9%。

混凝土和钢筋力学性能指标和耐久性要求等应符合现行国家标准《混凝土结构设计规范》(GB 50010)的规定。

钢构件及其连接材料力学性能指标和耐久性要求应符合现行国家标准《钢结构设计规范》(GB 50017)的规定，钢构件材料的牌号宜采用 Q235、Q345。

钢筋套筒灌浆连接接头采用的灌浆套筒和灌浆料应符合现行行业标准《钢筋连接用灌浆套筒》(JG/T 398)、《钢筋连接用套筒灌浆料》(JG/T 408)及《钢筋套筒灌浆连接应用技术规程》(JGJ 355)的相关规定。

2.2.3　预制构件

预制柱边长不宜小于 400 mm,预制梁的截面最小边长不宜小于 200 mm。预制叠合板的预制层厚度不宜小于 60 mm,现浇层厚度不应小于 60 mm。预制构件保护层厚度应满足《混凝土结构设计规范》(GB 50010)的有关规定。

2.3　结构设计

2.3.1　总体要求

预制混凝土装配整体式结构应进行多遇地震作用下的抗震变形验算。预制混凝土装配整体式结构的一、二、三级框架节点核心区应进行抗震验算;四级框架节点核心区可不进行抗震验算,但应符合抗震构造措施的要求。核心区截面抗震验算方法应符合现行国家标准《混凝土结构设计规范》(GB 50010)、《建筑抗震设计规范》(GB 50011)的有关规定。

在使用阶段的结构内力与位移计算时,梁刚度增大系数可根据翼缘情况近似取为1.3~2.0。受弯构件应按《混凝土结构设计规范》(GB 50010)的有关规定进行裂缝宽度及挠度的验算。预制构件的连接部位,纵向受力钢筋一般采用套筒灌浆连接、机械连接或焊接连接,纵向受力钢筋的连接应满足现行行业标准《钢筋机械连接技术规程》(JGJ 107)中Ⅰ级接头的性能要求,预制柱之间当采用套筒灌浆连接,并符合现行行业标准《钢筋套筒灌浆连接应用技术规程》(JGJ 355)的规定时,纵向受力筋可在同一断面进行连接。

设计采用的内力应考虑不同阶段计算的最不利内力,各阶段构件取实际截面进行内力验算,施工阶段的计算可不考虑地震作用的影响,使用阶段计算时取与现浇结构相同的计算简图。

施工阶段不加支撑的叠合式受弯构件,内力应分别按下列两个阶段计算:

(1) 第一阶段——后浇的叠合层混凝土未达到强度设计值之前的阶段。荷载由预制构件承担,预制构件按简支构件计算;荷载包括预制构件自重、预制楼板自重、叠合层自重以及本阶段的施工活荷载。

(2) 第二阶段——叠合层混凝土达到设计规定的强度值之后的阶段。叠合构件按整体结构计算;荷载考虑下列两种情况并取较大值:

施工阶段,考虑叠合构件自重、预制楼板自重、面层、吊顶等自重,以及本阶段的施工活荷载;

使用阶段,考虑叠合构件自重、预制楼板自重、面层、吊顶等自重,以及使用阶段的活荷载。

2.3.2　作用效应组合

预制混凝土装配整体式结构进行承载能力极限状态计算时,对持久设计状态、短暂设

计状态和地震设计状态,当用内力的形式表达时,结构构件应采用下列承载能力极限状态表达式:

$$\gamma_0 S \leqslant R \tag{2-1}$$

式中:γ_0——结构重要性系数,按现行国家标准《混凝土结构设计规范》(GB 50010)的规定选用;

S——承载能力极限状态下作用组合的效应设计值(N 或 N·mm),按现行国家标准《建筑结构荷载规范》(GB 50009)和《建筑抗震设计规范》(GB 50011)的规定进行计算;

R——结构构件的抗力设计值(N 或 N·mm)。

1. 预制构件施工验算时作用组合的效应设计值应按式(2-2)计算

$$S = \alpha \gamma_G S_{G_{1k}} \tag{2-2}$$

式中:α——脱模吸附系数或动力系数。脱模吸附系数:宜取 1.5,也可根据构件和模具表面状况适当增减,复杂情况宜根据试验确定;动力系数:构件吊运、运输时宜取 1.5,构件翻转及安装过程中就位、临时固定时,可取 1.2,当有可靠经验时,可根据实际受力情况和安全要求适当增减。

γ_G——永久荷载分项系数。

$S_{G_{1k}}$——按预制构件自重荷载标准值 G_{1k} 计算的荷载效应值(N 或 N·mm)。

2. 预制构件安装就位施工时作用组合的效应设计值应按式(2-3)计算

$$S = \gamma_G S_{G_{1k}} + \gamma_G S_{G_{2k}} + \gamma_Q S_{Q_k} \tag{2-3}$$

式中:$S_{G_{2k}}$——按叠合层自重荷载标准值计算的荷载效应值(N 或 N·mm);

γ_Q——可变荷载分项系数;

S_{Q_k}——按施工活荷载标准值 Q_k 计算的荷载效应值(N 或 N·mm)。

3. 主体结构各构件使用阶段作用组合的效应设计值应按下列情况进行计算

(1) 由可变荷载控制的效应设计值应按式(2-4)进行计算:

$$S = \sum_{j=1}^{m} \gamma_{G_j} S_{G_{jk}} + \gamma_{Q_1} \gamma_{L_1} S_{Q_{1k}} + \sum_{i=2}^{n} \gamma_{Q_i} \gamma_{L_i} \varphi_{c_i} S_{Q_{ik}} \tag{2-4}$$

式中:γ_{G_j}——第 j 个永久荷载的分项系数;

γ_{Q_i}——第 i 个可变荷载的分项系数,其中 γ_{Q_1} 为主导可变荷载 Q_1 的分项系数;

γ_{L_i}——第 i 个可变荷载考虑设计使用年限的调整系数,其中 γ_{L_1} 为主导可变荷载 Q_1 考虑设计使用年限的调整系数;

$S_{G_{jk}}$——按第 j 个永久荷载标准值 G_{jk} 计算的荷载效应值;

$S_{Q_{ik}}$——按第 i 个可变荷载标准值 Q_{ik} 计算的荷载效应值,其中 $S_{Q_{1k}}$ 为可变荷载效应中起控制作用者(N 或 N·mm);

φ_{c_i}——第 i 个可变荷载 Q_i 的组合值系数；

m——参与组合的永久荷载数；

n——参与组合的可变荷载数。

（2）永久荷载效应控制的组合应按式（2-5）进行计算：

$$S = \sum_{j=1}^{m} \gamma_{G_j} S_{G_{jk}} + \sum_{i=1}^{n} \gamma_{Q_i} \gamma_{L_i} \varphi_{c_i} S_{Q_{ik}} \tag{2-5}$$

注：① 基本组合中的效应设计值仅适用于荷载与荷载效应为线性的情况；

② 当对 $S_{Q_{1k}}$ 无法明显判断时，应依次以各可变荷载效应作为 $S_{Q_{1k}}$，并选取其中最不利的荷载组合效应设计值。

4. 施工阶段临时支撑的设置应考虑风荷载的影响

对于正常使用极限状态，预制混凝土装配整体式结构的结构构件应分别按荷载的准永久组合并考虑长期作用的影响，或标准组合并考虑长期作用的影响，采用下列极限状态设计表达式进行验算：

$$S \leqslant C \tag{2-6}$$

式中：S——正常使用极限状态荷载组合的效应设计值（mm 或 N/mm^2）；

C——结构构件达到正常使用要求所规定的变形、应力、裂缝宽度和自振频率等的限值。

主体结构各构件的荷载标准组合的效应设计值和准永久组合的效应设计值，应按式（2-7）和（2-8）确定：

（1）荷载标准组合的效应设计值

$$S = \sum_{j=1}^{m} S_{G_{jk}} + S_{Q_{1k}} + \sum_{i=2}^{n} \varphi_{c_i} S_{Q_{ik}} \tag{2-7}$$

（2）准永久组合的效应设计值

$$S = \sum_{j=1}^{m} S_{G_{jk}} + \sum_{i=1}^{n} \varphi_{q_i} S_{Q_{ik}} \tag{2-8}$$

式中：φ_{q_i}——第 i 个可变荷载的准永久值系数。

基本组合的荷载分项系数应按表 2-3 选用。

表 2-3　基本组合的荷载分项系数

永久荷载的分项系数	当其效应对结构不利时的组合	对由可变荷载效应控制的组合，应取 1.2
		对由永久荷载效应控制的组合，应取 1.35
	当其效应对结构有利时的组合	不应大于 1.0
可变荷载的分项系数	对标准值大于 4 kN/m^2 的工业房屋楼面结构的活荷载应取 1.3	
	其他情况，应取 1.4	

注：对结构的倾覆、滑移或漂浮验算，荷载的分项系数应按国家、行业现行的结构设计规范的规定采用。

装配整体式混凝土结构构件的地震作用效应和其他荷载效应的基本组合应按式(2-9)计算：

$$S_E = \gamma_G S_{GE} + \gamma_{Eh} S_{Ehk} + \psi_w \gamma_w S_{wk} \qquad (2\text{-}9)$$

式中：S_E ——结构构件的地震作用和其他作用组合的效应设计值(N 或 N·mm)；

γ_G ——重力荷载分项系数，一般情况应采用1.2，当重力荷载效应对构件承载力有利时，不应大于1.0；

γ_{Eh} ——水平地震作用分项系数，应采用1.3；

γ_w ——风荷载分项系数，应采用1.4；

S_{GE} ——重力荷载代表值的效应(N 或 N·mm)；

S_{Ehk} ——水平地震作用标准值的效应(N 或 N·mm)，尚应乘以相应的增大系数或调整系数；

S_{wk} ——风荷载标准值的效应(N 或 N·mm)；

ψ_w ——风荷载组合值系数，一般结构取 0.0，风荷载起控制作用的建筑应采用0.2。

装配整体式混凝土结构构件的截面抗震验算，应按式(2-10)进行计算：

$$S_E \leqslant \frac{R}{\gamma_{RE}} \qquad (2\text{-}10)$$

式中：R ——结构构件承载力设计值(N 或 N·mm)；

γ_{RE} ——承载力抗震调整系数，除另有规定外，应按表2-4采用。

表 2-4　承载力抗震调整系数

结构构件	受力状态	γ_{RE}
梁	受弯	0.75
轴压比小于0.15的柱	偏压	0.75
轴压比不小于0.15的柱	偏压	0.80
剪力墙	偏压	0.85
各类构件	受剪、偏拉	0.85

2.3.3　内力分析

生产脱模阶段的内力计算应满足下列要求：

(1) 预制构件根据脱模吊点的位置按简支梁计算内力；

(2) 预制构件根据储存或运输时，设置于构件下方的垫块位置按简支梁计算内力；

(3) 施工验算的荷载取值除应满足2.3.2节的要求外，脱模荷载取值尚应满足下列要求：等效静力荷载标准值取构件自重标准值乘以动力系数后与脱模吸附力之和，且不宜小于构件自重标准值的 1.5 倍,其中,动力系数不宜小于 1.2,脱模吸附力应根据构件和模具的实际情况取用且不宜小于 1.5 kN/m²。

安装阶段的内力计算应满足下列要求:

(1) 预制梁、板根据有无中间支撑分别按简支梁或连续梁计算内力;

(2) 荷载包括梁板自重及施工安装荷载,一般施工安装荷载取 1.0 kN/m²,或集中荷载 2.3 kN/m;

(3) 梁、板的计算跨度根据支撑的实际情况确定;

(4) 单层预制柱按两端简支的单跨梁计算内力;多层连续预制柱按多跨连续梁计算内力,基础为铰支端,梁为柱的不动铰支座。

使用阶段的内力计算应满足下列要求:

(1) 荷载及组合

① 使用阶段(形成整体框架以后)作用在框架上的荷载包括:永久荷载为楼面后抹的面层、找坡层、后砌隔墙、后浇钢筋混凝土墙、现浇剪力墙、后安装轻质钢架墙等荷载;可变荷载为设备荷载、使用荷载、风荷载等;抗震验算时应考虑地震作用;

② 使用阶段荷载效应组合时应扣除施工安装阶段的施工活荷载;

③ 框架柱或梁计算时,可按有关规定对使用荷载进行折减,荷载折减系数按《建筑结构荷载规范》(GB 50009)的规定确定。

(2) 框架梁的计算跨度取柱中心到中心的距离;梁翼缘的有效宽度按《混凝土结构设计规范》(GB 50010)的规定确定。

(3) 在竖向荷载作用下可以考虑梁端塑性变形内力重分布而对梁端负弯矩进行调幅,叠合式框架梁的梁端负弯矩调幅系数可取为 0.7～0.8。

(4) 次梁与主梁的连接可按铰接处理。

(5) 框架柱的计算长度按《混凝土结构设计规范》(GB 50010)的规定确定。

2.3.4　构件设计

计算装配整体式框架各杆件在永久荷载、可变荷载、风荷载、地震作用下的组合内力,按最不利的内力进行截面设计及钢筋配置。对于装配整体式框架需分别考虑施工阶段和使用阶段两种情况,并取其大者配筋。

预制梁、板单独工作时,应能承受自重和新浇混凝土的重量。当现浇混凝土达到设计强度后,后加的恒载及活载由叠合截面承担。

叠合梁、板的设计应符合《混凝土结构设计规范》(GB 50010)的有关规定。

当叠合梁符合《混凝土结构设计规范》(GB 50010)有关普通梁各项构造要求时,其叠合面的受剪承载力按 2.3.5 节的规定计算。

对不配抗剪钢筋的叠合板,当符合《混凝土结构设计规范》(GB 50010)叠合界面粗糙度的构造规定时,应按 2.4.2 节的规定。

2.3.5 接缝受剪承载力计算

装配整体式框架的梁端有竖向接缝,柱端有水平接缝。接缝处钢筋贯通,通过后浇混凝土、灌浆料或坐浆材料连为整体,而后浇(灌)材料与预制构件结合面的黏结抗剪强度往往低于预制构件本身混凝土的抗剪强度,所以接缝处须进行受剪承载力计算。梁、柱箍筋加密区接缝的承载力设计值应予放大,同时要求接缝的承载力设计值大于设计内力。本章文献[5]参照国外资料,提出下列要求。

接缝的受剪承载力应符合下列规定:

(1) 持久设计状况:

$$\gamma_0 V_{jd} \leqslant V_u \tag{2-11}$$

(2) 地震设计状况:

$$V_{jdE} \leqslant \frac{V_{uE}}{\gamma_{RE}} \tag{2-12}$$

在梁、柱端箍筋加密区部位,尚应符合下列要求:

$$\eta_j V_{mua} \leqslant V_{uE} \tag{2-13}$$

式中: γ_0 ——结构重要性系数,安全等级为一级时不应小于1.1,安全等级为二级时不应小于1.0;

V_{jd} ——持久设计状况下接缝剪力设计值;

V_{jdE} ——地震设计状况下接缝剪力设计值;

V_u ——持久设计状况下梁端、柱端底部接缝受剪承载力设计值;

V_{uE} ——地震设计状况下梁端、柱端底部接缝受剪承载力设计值;

V_{mua} ——被连接构件端部按实配钢筋面积计算的斜截面受剪承载力设计值;

η_j ——接缝受剪承载力增大系数,抗震等级为一、二级取1.2,抗震等级为三、四级取1.1。

叠合梁端竖向接缝的受剪承载力设计值按下列公式计算:

(1) 持久设计状况:

$$V_u = 0.07 f_c A_{c1} + 0.10 f_c A_k + 1.65 A_{sd} \sqrt{f_c f_y} \tag{2-14}$$

(2) 地震设计状况:

$$V_{uE} = 0.04 f_c A_{c1} + 0.06 f_c A_k + 1.65 A_{sd} \sqrt{f_c f_y} \tag{2-15}$$

式中: A_{c1} ——叠合梁端截面后浇混凝土叠合层截面面积;

f_c ——预制构件混凝土轴心抗压强度设计值;

f_y ——垂直穿过结合面钢筋抗拉强度设计值;

A_k ——各键槽的根部截面面积之和,按后浇键槽根部截面和预制键槽根部截面分

别计算,并取二者的较小值;

A_{sd} ——垂直穿过结合面所有钢筋的面积,包括叠合层内的纵向钢筋。

在地震设计状况下,预制柱底水平接缝的受剪承载力设计值应按下列公式计算:

当预制柱受压时:

$$V_{uE} = 0.8N + 1.65 A_{sd} \sqrt{f_c f_y}$$

(2-16)

当预制柱受拉时:

$$V_{uE} = 1.65 A_{sd} \sqrt{f_c f_y \Big[1 - \Big(\frac{N}{A_{sd} f_y} \Big)^2 \Big]}$$

(2-17)

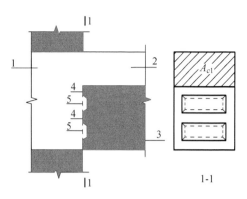

图 2-28 叠合梁端受剪承载力计算参数示意图

1—后浇节点区;2—后浇混凝土叠合层;
3—预制梁;4—预制键槽根部截面;
5—后浇键槽根部截面

式中:f_c —— 预制构件混凝土轴心抗压强度设计值;

f_y ——垂直穿过结合面钢筋抗拉强度设计值;

N ——与剪力设计值 V 相对应的垂直于结合面的轴向力设计值,取绝对值进行计算;

A_{sd} ——垂直穿过结合面所有钢筋的面积;

V_{uE} ——地震设计状况下梁端、柱端底部接缝受剪承载力设计值。

2.4 构造要求

2.4.1 总体构造要求

1. 构造措施应使连接节点具有足够的整体性

装配整体式框架结构由预制的梁、柱、板在现场通过必要的连接形成能够承受作用的结构。在预制制作阶段,各个构件之间是相互独立的,只有在现场通过有效的、可靠的连接,才能够形成整体,共同抵抗外荷载的作用。通过必要的构造措施,保证结构的整体性,是装配整体式结构质量优劣的关键。我国早期的工程实践中,装配式结构在地震作用下产生了较多的损伤,严重丧失整体性,或者造成整体结构的倒塌,或者局部构件的连接不足,导致掉落造成生命财产的惨痛损失(图 2-29)。正是由于这些教训,长期以来人们产生了"装配式结构整体性不高"的印象,限制了装配整体式建造模式的应用和发展。大量的试验研究表明,通过采取必要的构造措施,落实这些构造措施的贯彻和执行,装配整体式结构也是具有足够的整体性的,这正是新时期建筑工业化能够得以推广和应用的基础。

2. 构造措施应尽量减少构件和节
点的类型和数量

建筑工业化的核心是在制作、运
输、安装过程中充分发挥机械的生产能
力,改变过去以手工作业为主的生产模
式。在以手工作业为主的现浇生产模
式下,一方面,受限于手工的作业能力,
每一个在工地组装的单元,例如钢筋、
混凝土、模板,大多以构件小、工序多、
作业环节散为特点;另一方面,由于手
工作业可以面向不同的对象,因此构件

图 2-29　地震中预制板的连接构造不足
造成结构丧失整体性倒塌

的种类多,便于实现结构的多样化。围绕机械化作业开展的工业化建筑模式,要求构件的
种类少,从而可以实现批量生产;要求构件的数量少,从而可以减少节点接头的数量,发挥
工业化的优势;要求节点的类型少,从而可以简化构造,确保传力和受力。构造措施是否
合理,直接影响着装配整体式结构是否具有良好的经济性。

3. 构造措施应使节点发挥出良好的承载能力和延性

连接节点是构件的交汇点,一方面,由于在工地现场完成连接,混凝土的浇筑和养护
条件不如工厂预制时比较完善,因此容易变成结构的薄弱环节;另一方面,节点又是受力
的关键区域,各种荷载产生的内力在节点处转换、传递,尤其是框架结构的梁柱节点,还要
承受地震作用产生的内力作用。节点在超载情况下,很有可能产生屈服,故要求节点能维
持屈服强度而不致产生脆性破坏,并提供适当的延性耗散地震能量。因此,节点处应加以
约束,以便提供较大的变形能力,有利于内力的重分布和耗能减震。

4. 构造措施应保证安装的方便

由于连接节点处存在各个方向、各种构件连接所需的多种钢筋,空间狭小而钢筋数量
多。而在现场安装的过程中,各个构件是以一定的顺序依次组装到结构上的,先批安装构
件的端部或者端部伸出的锚固钢筋,可能阻碍后批安装构件的顺利就位,而同一位置处,
也有可能不同来源的钢筋在平面、立面上会有钢筋位置冲突的现象出现。一旦出现这些
问题,就需要耗费工时进行解决,严重时会影响工程进度和工程造价。因此,构造措施必
须充分考虑工地现场的安装可行性,对可能发生的意外情况做好预案。

2.4.2　叠合板构造

装配整体式框架结构中的楼板大多采用叠合板施工工艺。叠合板由预制板和现浇层
复合组成,预制板在施工时作为永久性模板承受施工荷载,而在结构施工完成后则与现浇
层一起形成整体,传递结构荷载。叠合板有各种形式,包括钢筋混凝土叠合板、预应力混凝
土叠合板、带肋叠合板、箱式叠合板等。在此,以常规叠合板为例介绍其构造要求,对于其他
形式的叠合板,可参照进行设计。对于结构转换层、平面复杂楼层、开洞较大楼层的楼板和

直接承受较大温差的屋盖楼板,对楼板整体性和传递水平力的要求较高,宜采用现浇楼盖。

叠合板的预制板在施工期间承受施工荷载,应具有足够的承载能力和刚度,其厚度不宜小于 60 mm。对于跨度大于 3 m 的叠合板,宜采用钢筋桁架叠合板(图 2-30)。钢筋桁架叠合板包括预制层和现浇层,预制层中包括钢筋桁架及其底部的混凝土层,而钢筋桁架主要由下弦钢筋、上弦钢筋和连接两者的腹杆钢筋组成,如图 2-31。由于钢筋桁架具有较大的高度,在承受施工荷载时刚度大,因此适用于跨度较大的楼板。当跨度大于 6 m 时,为了减小预制板的自重,提高其抗裂能力,宜采用预应力混凝土预制板作为叠合板的底层。对于板厚大于 180 mm 的叠合板,还可以通过留空材料放置在预制板的上表面,构造混凝土空心板,以减轻楼板的自重。

图 2-30　钢筋桁架叠合板

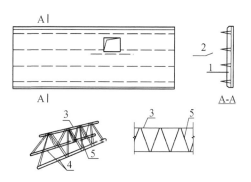

图 2-31　叠合板的预制板设置桁架钢筋构造

1—预制板;2—桁架钢筋;3—上弦钢筋;
4—下弦钢筋;5—格构钢筋

在桁架钢筋混凝土叠合板中,桁架钢筋是施工时预制板的主要受力骨架,应沿主要受力方向布置,距离板边不应大于 300 mm,间距不宜大于 600 mm。为了保证钢筋组成的桁架具有足够的刚度,桁架钢筋的弦杆直径不宜小于 8 mm,腹杆直径不应小于 4 mm。桁架钢筋弦杆的混凝土保护层厚度不应小于 15 mm。

预制板与后浇混凝土叠合层之间的接合面应设置粗糙面,粗糙面的面积不宜小于接合面的 80%,凹凸深度不应小于 4 mm。当叠合板的跨度较大、有相邻悬挑板的上部钢筋锚入等情况时,叠合板的预制板与叠合层之间的叠合面,在外力、温度等作用下会产生较大的水平剪力,应采取合理的措施保证叠合面的抗剪强度。当有桁架钢筋时,桁架钢筋的腹杆可作为提高叠合面抗剪的措施。当没有采用桁架钢筋时,若单向板的跨度大于 4 m,或双向板的段向跨度大于 4 m 时,应在支座 1/4 跨度范围内配置界面抗剪构造钢筋来保证水平界面的抗剪强度。当采用悬挑叠合板,悬挑叠合板的上部纵向受力钢筋锚固在相邻叠合板的后浇混凝土范围内时,应在悬挑叠合板及其钢筋的锚固范围内配置截面抗剪构造钢筋。抗剪构造钢筋可采用马镫形状,间距不宜大于 400 mm,直径不宜小于 6 mm。马镫钢筋宜伸到叠合板上、下部纵向钢筋处,预埋在预制板内的总长度不应小于 15d,水平段长度不应小于 50 mm。

叠合板可单向或双向布置,如图 2-32。叠合板之间的接缝,可以采用两种构造措施:分离式接缝和整体式接缝。分离式接缝适用于以预制板的搁置线为支承边的单向叠合板,而整体式接缝适用于四边支承的双向叠合板。

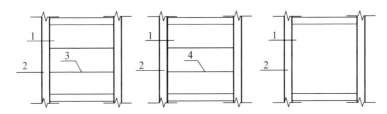

图 2-32　叠合板的预制板布置形式示意图

1—预制板；2—梁或墙；3—板侧分离式接缝；4—板侧整体式接缝

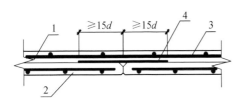

**图 2-33　单向叠合板侧分离式
拼缝构造示意图**

1—后浇混凝土叠合层；2—预制板；
3—后浇层内钢筋；4—附加钢筋

分离式接缝(图 2-33)形式简单,利于构件的生产和施工,板缝边界主要传递剪力,弯矩传递能力较差。当采用分离式接缝时,为了保证接缝不发生剪切破坏,同时控制接缝处裂缝的开展,应在接缝处紧邻预制板顶面设置垂直于板缝的附加钢筋,附加钢筋的截面面积不宜小于预制板中该方向钢筋的面积,钢筋直径不宜小于 6 mm、间距不宜大于250 mm。附加钢筋伸入梁侧后浇混凝土叠合层的锚固长度不应小于 $15d$, d 为附加钢筋的直径。试验研究表明,采用分离式接缝的叠合板,整体受力性能介于按板缝划分的单向板和整体双向板之间,与楼板的尺寸、后浇层与预制板的厚度比例、接缝钢筋的数量等因素有关,开裂特征类似于单向板,承载能力高于单向板,挠度小于单向板但大于双向板。按照单向板的假定对分离式接缝的叠合板进行力学计算和设计,是偏于安全的。

当预制板侧接缝可实现钢筋与混凝土的连续受力时,可视为整体式接缝。一般采用后浇带的形式对整体式接缝进行处理。为了保证后浇带具有足够的宽度来完成钢筋在后浇带中的连接或锚固连接,并保证后浇带混凝土与预制混凝土的整体性,后浇带的宽度不宜小于 200 mm,其两侧板底纵向受力钢筋可在后浇带中通过焊接、搭接或弯折锚固等方式进行连接。

当后浇带两侧板底纵向受力钢筋在后浇带中弯折锚固时(图 2-34),叠合板的厚度不宜小于 $10d$(d 为弯折钢筋直径的较大值)和120 mm,以保证弯折后锚固的钢筋具有足够的混凝土握裹;预制板侧伸出的纵向受力钢筋应在后浇混凝土叠合层内锚固,且锚固长度不应小于 l_a,两侧钢筋在接缝处重叠的长度不应小于 $10d$,以实现应力的可靠传递;为了保证钢筋应力转换平顺,同时避免钢筋弯折处混凝土挤压破坏,钢

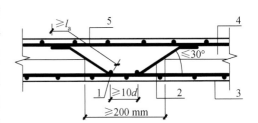

**图 2-34　双向叠合板整体式
接缝构造示意图**

1—通长构造钢筋；2—纵向受力钢筋；3—预制板；
4—后浇混凝土叠合层；5—后浇层内钢筋

筋的弯折角度不应大于 30°,同时在弯折处沿接缝方向应配置不少于 2 根通长构造钢筋,且直径不应小于该方向预制板内钢筋直径。

板底纵向受力钢筋在后浇带内弯折锚固的措施,由于不需要对大量的板底钢筋进行现场作业,后浇带锚固区的长度小,受到工程实践的欢迎。试验研究表明,这种构造形式的叠合板整体性较好。但是,与整浇板相比,预制板接缝处的应变集中,裂缝宽度较大,导致构件的挠度比整体现浇板略大,接缝处受弯承载能力略有降低。因此,整体式接缝应避开双向板受力的主要方向和弯矩最大的截面。当上述位置无法避开时,可以适当增加两个方向的受力钢筋。

为了保证楼板的整体性和传递水平力的要求,预制板内的纵向受力钢筋在板端宜伸入支承梁的后浇混凝土中,锚固长度不应小于 5 倍钢筋直径,且宜伸过支座的中心线(图 2-35)。对于单项叠合板的板侧支座,为了加工和施工方便,可不伸出构造钢筋,但宜在紧邻预制板面的后浇混凝土叠合层内设置附加钢筋,其面积不宜小于预制板内同向分布钢筋的面积,间距不宜大于 600 mm,在板的后浇混凝土叠合层内锚固长度不应小于 15 倍钢筋直径,在支座内锚固长度不应小于 15 倍钢筋直径,且宜伸过支座中心线。

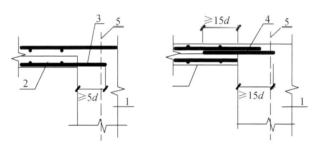

图 2-35　叠合板端及板侧支座构造示意图

1—支承梁或墙;2—预制板;3—预制板中纵筋;4—附加钢筋;5—支座中心线

2.4.3　叠合梁构造

为了给伸入支座的板钢筋提供锚固,装配整体式框架结构的梁,往往采用下半部分预制、上半部分现场浇筑的叠合梁形式,其中现浇部分和预制部分的叠合界面不高于楼板的下边缘。当采用叠合梁时,往往也采用叠合板,梁板的后浇层一起浇筑。在梁受弯的时候,叠合界面主要承受剪力的作用,而越靠近梁的中心轴,界面的剪力就越小。为了优化叠合界面的受剪,同时保证后浇区域具有良好的整体性,框架梁后浇混凝土叠合层厚度不宜小于 150 mm,次梁的后浇混凝土叠合层厚度不宜小于 120 mm,如图 2-36(a)所示。当板的总厚度小于梁的后浇层厚度要求时,单纯为了增加叠合面的高度而增加板的厚度,对板的自重增加过多,不利于结构受力和工程造价。这时候,可以采用凹口截面的预制梁,如图 2-36(b)。凹口深度不宜小于 50 mm,同时凹口边厚度不宜小于 60 mm,以防止运输、安装过程中的磕碰损伤。预制梁与后浇混凝土叠合层之间的接合面应设置粗糙面,粗糙面的面积不宜小于接合面的 80%,粗糙面凹凸深度不应小于 6 mm。

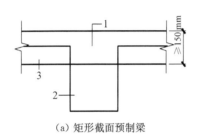

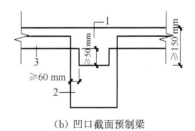

（a）矩形截面预制梁　　　　　　　　（b）凹口截面预制梁

图 2-36　叠合框架梁截面示意图

1—后浇混凝土叠合层；2—预制梁；3—预制板

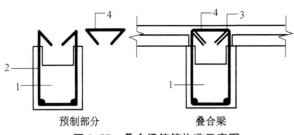

预制部分　　　　　　叠合梁

图 2-37　叠合梁箍筋构造示意图

1—预制梁；2—开口箍筋；
3—上部纵向钢筋；4—箍筋帽

叠合梁施工时,先将叠合梁的预制部分吊装就位,然后安装叠合板预制板,将预制板侧的钢筋伸入梁顶预留空间。这时候如果叠合梁上已经安装上部纵向受力钢筋,梁纵向钢筋将会阻碍预制板侧钢筋的下行,使之无法就位。为此,叠合梁的上部纵向钢筋往往不先安装在预制梁上,而是等叠合板吊装就位后,再在工地现场

进行安装、绑扎。为了方便梁上部纵向钢筋的安装,在抗震要求不高的叠合梁或叠合梁部位中,可以采用组合封闭箍筋的形式,即箍筋由一个 U 形的开口箍和一个箍筋帽组合而成(图 2-37),开口箍部分在预制梁生产阶段与梁下部纵向受力钢筋及其他构造钢筋一起埋入预制梁体,待梁的上部纵向钢筋放入梁体后,再在现场安装箍筋帽,并完成绑扎。开口箍的上端和箍筋帽的末端应做成 135°的弯钩,非抗震设计时,弯钩端头平直段长度不应小于 5 倍箍筋直径,抗震设计时不应小于 10 倍箍筋直径。

对于抗震要求较高的叠合框架梁梁端,由于组合封闭箍对受压区的混凝土约束作用不够强,无法适应塑性铰转动所需的较大混凝土变形,因此在抗震等级为一级、二级的叠合框架梁梁端加密区不宜采用组合封闭箍的箍筋形式,而宜做成整体封闭箍筋,如图 2-38 所示。

试验表明,键槽的抗剪承载能力要大于粗糙面,且易于控制加工质量和检

（a）预制部分　　　　　（b）叠合梁

图 2-38　采用整体封闭箍筋的叠合梁

验。预制梁的端面应设置键槽,并宜设置粗糙面。键槽的尺寸和数量应经计算确定,其深度(t)不宜小于 30 mm,宽度(w)不宜小于深度(t)的 3 倍,不宜大于深度(t)的 10 倍。可以采用贯通截面宽度的键槽,也可采用不贯通截面宽度的键槽,当采用后者时,槽口距离截面边缘不宜小于 50 mm。键槽间距宜等于键槽宽度,键槽端部斜面倾角不宜大于 30°,

如图 2-39 所示。

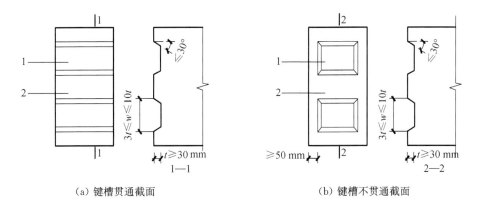

（a）键槽贯通截面　　　　　　　　　　（b）键槽不贯通截面

图 2-39　梁端键槽构造示意图

1—键槽；2—梁端面

2.4.4　梁的纵向和横向连接构造

梁的跨度较大时,可将一根纵向上的梁分为若干段在工厂预制,然后在现场采用对接连接。梁的纵向对接连接应设置后浇段(图 2-40),后浇段的长度应能满足梁下部纵向钢筋连接作业的空间需求。对接段内的梁下部纵向钢筋分别从两侧的梁端伸出,在后浇段内采用机械连接、套筒灌浆连接或焊接连接的方式实现受力的传递。梁的上部钢筋在现场绑扎。后浇段内的箍筋应加密,箍筋间距不应大于 5 倍纵向钢筋直径,也不应大于 100 mm。

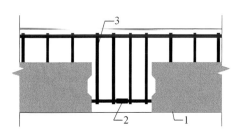

图 2-40　叠合梁连接节点示意图

1—预制梁；2—钢筋连接接头；3—后浇段

正交的两个方向的梁,在交汇点进行连接,即为梁的横向连接,较为常见的是主梁和次梁之间的连接。主次梁的连接也一般采用后浇段,即主梁上预留后浇带,混凝土断开而钢筋连续,以便穿过和锚固次梁钢筋。当主梁截面较高且次梁截面较小时,也可不完全断开主梁预制混凝土,采用预留凹槽的形式供次梁钢筋穿过和锚固;必要时也可与梁的纵向连接相结合,共用后浇段。

在进行梁的横向连接时,依次将主梁、次梁安装就位,次梁的下部纵向钢筋应伸入主梁后浇段内。次梁下部纵向钢筋锚入主梁后浇段内的长度不应小于 12 倍钢筋直径(d)。对于中间节点,次梁上部纵向受力钢筋应在现浇层内贯通(图 2-41(b));对于端部节点,次梁上部纵向钢筋应在主梁后浇段内锚固(图 2-41(a))。当主梁宽度不足以提供足够的纵向钢筋锚固长度时,可以采用弯折锚固或锚固板,此时锚固直段长度不应小于 $0.6l_a$;当钢筋应力不大于钢筋强度设计值的 50% 时,锚固直段长度不应小于 $0.35l_a$;弯折锚固的弯折后直段长度不应小于 12 倍钢筋直径。

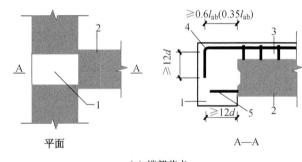

（a）端部节点

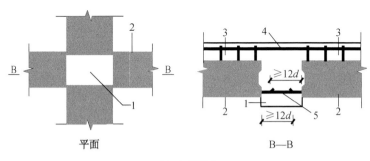

（b）中间节点

图 2-41　主次梁连接节点构造示意图

1—主梁后浇段；2—次梁；3—后浇混凝土叠合层；4—次梁上部纵向钢筋；5—次梁下部纵向钢筋

2.4.5　柱与柱的连接构造

框架柱的预制范围一般从楼板顶面开始，到上层梁底为止。柱底预埋与柱钢筋完成连接的灌浆套筒，吊装时插入下部柱伸出的柱纵向钢筋，通过注浆完成柱钢筋的受力连接。柱的上部钢筋伸出柱表面，贯穿节点核心区，并留有足够的长度插入上部柱的灌浆套

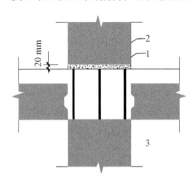

图 2-42　预制柱底接缝构造示意图

1—后浇节点区混凝土上表面粗糙面；
2—接缝灌浆层；3—后浇区

筒。节点核心区的混凝土在现场浇筑。在进行柱子的连接时，下部节点区混凝土已经现场浇筑并达到一定的强度，节点区混凝土的上表面应设置粗糙面，上柱与节点区上表面之间应留有 20 mm 左右的柱底接缝，采用灌浆料填实。柱底接缝灌浆可与套筒灌浆同时进行，采用同样的灌浆料依次完成。为了加强柱底抗剪强度，预制柱的底部应留有均匀布置的抗剪键槽，键槽深度不宜小于 30 mm，键槽端部斜面倾角不宜大于 30°，且键槽的形式应允许灌浆填缝时内部气体的排出，以保证柱底接缝灌浆的密实性，如图 2-42 所示。

由于节点区钢筋来源方向多、钢筋数量多，而空间

狭小,连接作业面受到限制。为了加大节点区的大小,矩形柱的截面宽度或圆柱的直径不宜小于 400 mm,且不宜小于同方向梁宽的 1.5 倍。采用较大直径的柱纵向受力钢筋有利于减少钢筋根数,增大钢筋间距,便于柱节点区内钢筋的连接和布置,因此柱纵向受力钢筋直径不宜小于20 mm。由于位于柱底的钢筋连接套筒具有较大的刚度和承载能力,柱的塑性铰区可能会上移到套筒连接区以上,为了对潜在塑性铰区的混凝土实行可靠的约束,增加受压区混凝土的延性,柱底箍筋加密区应延伸到套筒顶部以外至少500 mm,且套筒上端第一道箍筋距离套筒顶部不大于50 mm,如图 2-43所示。

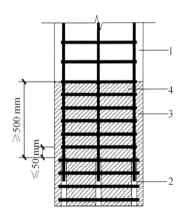

图 2-43 钢筋采用套筒灌浆连接时柱底箍筋加密区域构造示意图

1—预制柱;2—套筒灌浆连接接头;
3—箍筋加密区(阴影部分);
4—加密区箍筋

2.4.6 框架梁柱连接构造

装配整体式框架结构中,梁柱节点的连接是最为重要也是最为复杂的连接。梁柱节点不仅承载了楼盖竖向荷载

向竖向支撑结构的传递,而且负担着地震作用等水平作用引起的弯矩和剪力,在中震、大震下还需要发挥出良好的延性耗散地震能量,保证结构在中震下的可修性,维持结构在大震下不致发生整体倒塌。而同时,梁柱节点处各个方向伸出的钢筋数量也很多,有来自两个正交方向的框架梁的纵向钢筋,有下柱贯穿节点伸入上柱的柱纵向钢筋,还有节点区的箍筋,可能存在纵向上、横向上或高度上的钢筋位置冲突。因此,在设计过程中,必须充分考虑到施工装配的可行性,合理确定梁柱截面尺寸即钢筋的数量、间距和位置。为此,梁柱构件应尽量采用较粗直径,从而以较大的间距对钢筋进行布置,方便构件的安装,简化节点区钢筋的构造。在中间节点两侧梁的钢筋锚固位置发生冲突时,可以采取弯折避让的方式解决,弯折角度不宜大于 1∶6。在节点区施工的时候,还应特别注意合理安排节点区箍筋、预制梁、梁上部纵向钢筋的安装顺序,控制节点区箍筋的间距满足要求。

对于框架的中节点,节点两侧梁的下部纵向钢筋宜锚固在后浇节点区内,也可采用机械连接或者焊接的方式进行直接连接(图 2-44)。由于节点区空间狭小,而下部纵向钢筋又深陷在节点区凹口范围内,因此,前者在操作上更加简便,但是需要解决纵向上的钢筋位置冲突问题。梁的上部纵向受力钢筋在现场安装绑扎在梁的后浇区内,应贯穿节点区。

在柱截面较小、梁的下部纵向钢筋在节点区内连接较困难时,也可在节点区外设置后浇梁段,梁的下部纵向钢筋贯穿节点区,伸至节点区外的另一侧梁端留设的后浇段内连接,如图 2-45 所示。采用这种连接构造时,为了保证梁端塑性铰区的性能,连接接头与节点区的距离不应小于梁截面有效高度的 1.5 倍。

对于框架中间层边节点,当柱截面尺寸不满足梁纵向受力钢筋的直线锚固要求时,宜采用锚固板锚固的方式(图 2-46),以简化节点内的钢筋,方便构件的安装;也可以采用90°弯折锚固。

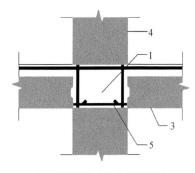
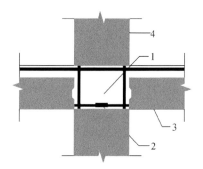

（a）梁下部纵向受力钢筋锚固 （b）梁下部纵向受力钢筋连接

图 2-44　预制柱及叠合梁框架中间层中节点构造示意图

1—后浇区；2—梁下部纵向受力钢筋连接；3—预制梁；4—预制柱；5—梁下部纵向受力钢筋锚固

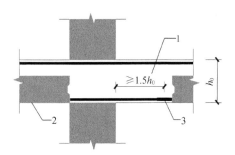
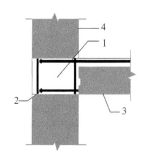

**图 2-45　梁纵向受力钢筋在节点区外
的后浇段内连接示意图**

1—后浇段；2—预制梁；3—纵向受力钢筋连接

**图 2-46　预制柱及叠合梁框架中间层
边节点构造示意图**

1—后浇区；2—梁纵向受力钢筋锚固；
3—预制梁；4—预制柱

对于顶层中节点，除了采取前述方法解决梁纵向钢筋的连接和锚固以外，还需解决柱纵向钢筋在节点内的锚固问题。为了便于预制梁的安装，柱纵向受力钢筋应避免同现浇钢筋混凝土框架顶层中节点一样使用弯折锚固，而适宜采用锚固板锚固的方式，如图 2-47 所示。

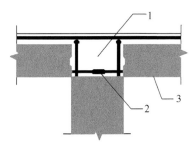
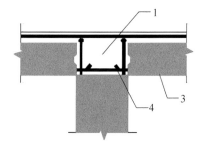

（a）梁下部纵向受力钢筋连接 （b）梁下部纵向受力钢筋锚固

图 2-47　预制柱及叠合梁框架顶层中节点构造示意图

1—后浇区；2—梁下部纵向受力钢筋连接；3—预制梁；4—梁下部纵向受力钢筋锚固

对于框架顶层边节点,梁的下部纵向受力钢筋宜采用锚固板的方式锚固在后浇节点区内。梁的上部钢筋和柱的纵向钢筋可以采用两种方式进行锚固,一种方式是柱伸出屋面并将柱纵向受力钢筋采用锚固板锚固在伸出段内,而梁的上部纵向钢筋也与下部钢筋一样,采用锚固板锚固在后浇节点区内。这种连接方式实质上是通过柱子的构造性延伸将顶层边界点转换为中间层边节点相似的构造,避免了钢筋应力的复杂传递。此时,柱子伸出段长度不宜小于 500 mm,伸出段内箍筋间距不应大于 5 倍柱纵筋直径,也不应大于 100 mm,柱纵向钢筋的锚固长度不应小于 40 倍纵筋直径,如图 2-48(a) 所示。另一种锚固方式是将柱外侧纵向受力钢筋与梁上部纵向受力钢筋在后浇区内搭接,柱内侧纵向受力钢筋采用锚固板锚固,如图 2-48(b) 所示。这种构造方式与现浇钢筋混凝土框架结构的顶层边节点相似,相应的要求也相同。

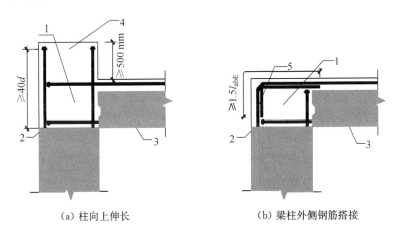

（a）柱向上伸长   （b）梁柱外侧钢筋搭接

图 2-48　预制柱及叠合梁框架顶层边节点构造示意图

1—后浇区；2—梁下部纵向受力钢筋锚固；3—预制梁；4—柱延伸段；5—梁柱外侧钢筋搭接

2.4.7　锚固板锚固构造

装配整体式结构在现场浇筑的后浇区主要目的是完成不同来源钢筋的连接和锚固,确保钢筋应力的传递,从而将不同用途的预制构件连接在一起。黏结破坏是一种脆性破坏,在地震的反复作用下黏结性能还会退化,因此更要给予足够的重视。在现浇钢筋混凝土框架结构中,钢筋的锚固主要依靠咬合力完成,这就需要较长的黏结区,直线锚固长度不足时还需要将钢筋弯折。这种连接方式应用到装配整体式框架中,将会导致现场混凝土浇筑量过大,弯折的钢筋还会造成现场安装的困难,阻碍其他构件的就位。锚固板是近年来发展起来的一种垫板和螺帽相结合的新型附加锚固措施,具有良好的锚固性能,螺纹连接可靠、方便,定型的锚固板还可工厂化生产和商品化供应,可以节省钢材,方便施工,减少节点中钢筋的拥挤,提高混凝土的浇筑质量,因此在装配整体式混凝土框架结构中应用广泛。

锚固板分为部分锚固板和全锚固板。部分锚固板依靠锚固长度范围内钢筋与混凝土的黏结作用和锚固板承压面的承压作用共同承担钢筋规定的锚固力,全锚固板依靠锚固板承压面的承压作用承担钢筋的所有锚固力。在钢筋锚固长度满足要求的时候,一般采用部分锚固板。装配整体式框架结构中使用较多的就是部分锚固板。图 2-49 是一个钢筋锚固板组装件的示意图。

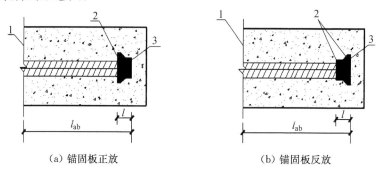

（a）锚固板正放　　　　　　　　　　（b）锚固板反放

图 2-49　钢筋锚固板示意图

1—锚固区钢筋应力最大处截面；2—锚固板承压面；3—锚固板端面

　　部分锚固板的承压面积不应小于锚固钢筋公称直径的 4.5 倍,其厚度不应小于锚固钢筋的工程直径,锚固的钢筋直径不宜大于 40 mm。在使用锚固板时,为了加强局部受压混凝土的约束,钢筋锚固长度范围内的混凝土保护层厚度不宜小于其直径的 1.5 倍,在锚固长度范围内应配置不少于 3 道箍筋,直径不小于纵向钢筋直径的 0.25 倍,间距不大于钢筋直径的 5 倍,且不应大于 100 mm,第一根箍筋与锚固板承压面的距离应小于纵向钢筋直径。为了给局部受压混凝土所承受的承压力提供良好的扩散,同时保证锚固长度范围内钢筋和混凝土之间的黏结,使用锚固板锚固的钢筋间距不宜小于纵向钢筋直径的 1.5 倍。锚固长度范围内钢筋的混凝土保护层厚度大于 5 倍钢筋直径时,可不设横向箍筋。

　　装配整体式框架结构的节点连接中使用锚固板完成梁受拉纵向钢筋的锚固时,纵向钢筋伸入节点区的直线锚固长度不应小于相应基本受拉锚固长度或抗震基本受拉锚固长度的 0.4 倍,并应伸到对面钢筋的内沿,距离对面钢筋内边不超过 50 mm,如图 2-50 所示。

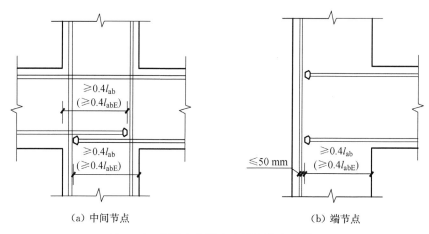

（a）中间节点　　　　　　　　　　（b）端节点

图 2-50　梁纵向钢筋在中间层节点的锚固

注：l_{ab} 为非抗震受拉钢筋基本锚固长度；l_{abE} 为抗震受拉钢筋基本锚固长度。

装配整体式框架结构的节点连接中使用锚固板完成柱纵向钢筋的锚固时,纵向钢筋伸入节点区的直线锚固长度不应小于相应基本受拉锚固长度或抗震基本受拉锚固长度的 0.5 倍,如图 2-51 所示。

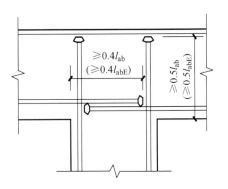

图 2-51　柱纵向钢筋和梁下部纵向钢筋在顶层中间节点的锚固

2.4.8　灌浆套筒连接构造

现浇混凝土框架结构中,柱纵向钢筋的连接主要依靠搭接、焊接或螺纹套筒连接等方式进行。这些连接方式中,搭接需要较长的搭接长度,焊接和螺纹套筒连接需要占用较长的吊机作业时间,均不利于应用到装配整体式框架结构的柱钢筋连接。当前应用较广的灌浆套筒连接技术是国内外公认的一种最成熟、最可靠的解决方案,充分利用了钢套管的高强度、灌浆料的高黏结力,最大幅度地减小了连接长度,特别适用于预制柱这种从上往下依靠重力下落的安装方式。

钢筋套筒灌浆连接技术的工作机理,是基于灌浆套筒内灌浆料有较高的抗压强度,同时自身还具有微膨胀特性。当它受到灌浆套筒的约束作用时,在灌浆料和灌浆套筒内侧筒壁之间产生了较大的正向压应力,从而在钢筋的带肋粗糙表面产生摩擦力,进而传递钢筋轴向应力。

灌浆套筒连接分为全灌浆套筒和半灌浆套筒。所谓的全灌浆套筒,就是接头的两端均采用灌浆方式连接钢筋的灌浆套筒,而半灌浆套筒则一端采用灌浆方式连接,另一端采用螺纹等非灌浆方式连接钢筋,如图 2-52 所示。对于半灌浆套筒,又可依据螺纹形成方式进一步分为直接滚轧直螺纹灌浆套筒、剥肋滚轧直螺纹灌浆套筒和镦粗直螺纹灌浆套筒。

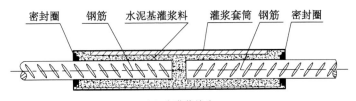

（a）全灌浆接头

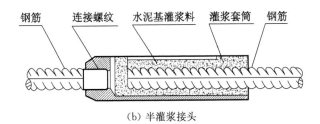

（b）半灌浆接头

图 2-52　灌浆接头结构示意图

由于装配整体式框架柱的纵向钢筋接头不得不在同一截面布置,因此采用灌浆套筒连接柱纵向钢筋时,其接头应满足Ⅰ级接头的性能要求。灌浆套筒的长度应根据试验确定,且灌浆连接端长度不宜小于钢筋直径的8倍,并应预留钢筋安装的调整长度,以便适应工程中可能出现的误差。预制端的调整长度不应小于10 mm,现场装配端的调整长度不应小于20 mm。

2.4.9 其他构造要求

装配整体式框架结构应尽可能使用高强高性能混凝土,利用工厂生产方式混凝土强度稳定、养护允分的优点,以便减轻构件自重,降低运输安装的机械费用。预制构件的混凝土强度等级不宜低于C30,预应力混凝土预制构件的混凝土强度等级不宜低于C40,不应低于C30,现场浇筑的混凝土强度等级不宜低于C25,节点等重要区域宜采用比相连接的预制构件高一等级的混凝土。

吊装关系到施工的安全性,吊装时重物坠落将会造成严重的生命和财产损失,社会影响也很大。为了达到节约材料、方便施工、吊装可靠的目的,并避免外露金属件的锈蚀,预制构件的吊装方式宜采用内埋式螺母、内埋式吊杆或预留吊装孔。当采用吊环吊装时,应采用未经冷加工的HRB300级钢筋制作。

由于在节点区钢筋布置空间的需要,预制梁、柱构件的钢筋保护层厚度往往较大。当保护层厚度大于50 mm时,为了控制混凝土保护层的裂缝,防止受力过程中保护层的剥离脱落,宜采取增设钢筋网片等措施进行保护。

对于预制构件中外露的预埋件,宜采用凹入混凝土表面的措施,凹入深度不宜小于10 mm,以便进行封闭处理。

2.5 构件生产

预制构件的生产包括钢筋绑扎、模具组装、混凝土浇筑和养护、脱模吊装、表面修补等流程和环节。在这些环节中,每一个流程都可能对后续流程的执行造成影响,最终决定了结构的安全和质量,因此应执行全面完善的质量控制、试验检测手段,保证构件的质量。

2.5.1 图纸深化

图纸深化是指按照结构设计图纸细化施工方案,针对各个流程的各个工程,提出具体的技术措施,并统计各步骤中需要的人力、设备、材料、机械,以便统一调度,形成最佳方案。有时还需要根据企业自身在材料、设备和人员方面的特长和经验,结合制作能力,针对工程设计图纸进行改进和优化,使得构件的受力更加合理、制作更加方便、造价更加低廉、性能更加优越。在深化图纸阶段,应尽可能通过图上作业,分析预制构件加工过程中的重点和难点,提出解决措施。

深化图纸设计过程中重点考虑构件连接构造、水电管线预埋、门窗及其他埋件的预埋、吊装及施工必需的预埋件、预留孔洞等,同时要考虑方便模加工和构件生产效率,现场施工吊运能力限制等因素。框架结构预制构件的制作图主要包括模板图、配筋图、预埋件图和预留孔洞图等,其中模板图要表示出构件的六个面,形状复杂的还可能需要补充三维透视图,以增强可视性;配筋图要表示出各种钢筋的规格、根数、长度和加工误差;预埋件图要表示出建筑、结构、设备各专业和施工过程中所需的各种预埋件;预留孔洞图要表示出设备各专业的孔洞位置和大小,以及孔洞加固措施。构件制作图中表格文字说明部分包含预埋配件一览表、各步骤检查要点及方法等。

2.5.2 模具准备和安装

模具的好坏直接决定了构件产品质量的好坏和生产安装的质量和效率,预制构件模具的制造关键是"精度",包括尺寸的误差精度、焊接工艺水平、模具边楞的打磨光滑程度等。预制构件的质量和精度是保证建筑质量的基础,也是预制装配整体式建筑施工的关键工序之一。为了保证构件质量和精度,必须采用专用的模具进行构件生产,预制构件生产前应对模具进行检查验收,模具应规格化、标准化、定型化,以便组装成各种不同的尺寸和形状。模具出底模和侧模构成,底模为定模,侧模为动模,模具要易于组装和拆卸,并具有必要的刚度和精度,以满足混凝土浇筑、脱模、翻转、起吊时刚度和稳定性要求,并便于清理和涂刷脱模。既要方便组合以保证生产效率,又要便于构件成型后的拆模和构件翻身。模具一般采用钢模具,钢模具循环使用次数可达上千次。对异形且周转次数较少的预制混凝土构件,可采用木模具、高强塑料模具或者其他材料模具。木模具、塑料模具和其他材质模具,应满足易于组装和脱模要求、能够抵抗可预测的外来因素撞击和适合蒸汽养护。模具的表面应光滑,不能有划痕、生锈、氧化层脱落等,模具组合后应严格按照要求涂刷脱模剂或水洗剂。

模具组装完成后应对其尺寸进行检查。考虑到在混凝土浇筑振捣过程中会有一定的胀模现象发生,模具的内尺寸可以比构件的尺寸小 1～2 mm。模具组装尺寸检查方法和允许偏差见表 2-5 所示。

表 2-5　模具组装尺寸允许偏差(mm)

测定部位	允许偏差	检 验 方 法
边长	±2	钢尺四边测量
对角线误差	3	细线测量两条对角线尺寸,取差值
底模平整度	2	对角用细线固定,钢尺测量细线到底模各点距离的差值,取最大值
侧板高差	2	钢尺两边测量取平均值
表面凸凹	2	靠尺和塞尺检查
扭曲	2	对角线用细线固定,钢尺测量中心点高度差值

测定部位	允许偏差	检 验 方 法
翘曲	2	四角固定细线,钢尺测量细线到钢模边距离,取最大值
弯曲	2	四角固定细线,钢尺测量细线到钢模顶距离,取最大值
侧向扭曲	$H\leqslant3\ 001.0$	侧模两对角用细线固定,钢尺测量中心点高度
	$H>3\ 002.0$	侧模两对角用细线固定,钢尺测量中心点高度

为了避免由于场地因素导致模具扭翘和变形,模具摆放场地应坚固平整,场地应做好排水措施,避免积水。

2.5.3　钢筋绑扎和入模

预制构件的钢筋绑扎类似于传统工艺,但应严格保证加工尺寸和绑扎精度,有条件时可采用数控钢筋加工设备,构件钢筋在模具内的保护层厚度应进行严格控制,保护层垫块宜采用塑料类垫块,且应与钢筋骨架或网片绑扎牢固;垫块按梅花状布置,间距满足钢筋限位及控制变形要求。绑扎钢筋时按照图纸安装好钢筋连接套管、连接件、预埋件,平稳吊入模具。必要时应采用多吊点专用吊架,防止骨架产生变形。钢筋骨架入模时应平直、无损伤,表面不得有油污或锈蚀。骨架装入模具后,应按设计图纸要求对钢筋位置、规格、间距、保护层厚度等进行检查,允许偏差应符合表 2-6 的规定。

表 2-6　钢筋骨架尺寸和安装位置偏差(mm)

项　　目			允许偏差	检验方法
绑扎钢筋骨架	长		±10	钢尺检查
	宽、高		±5	钢尺检查
	钢筋间距		±10	钢尺量两端、中间各一点
受力钢筋	位置		±5	钢尺量两端、中间各一点,取较大值
	排距		±5	
	保护层	柱、梁	±5	钢尺检查
		楼板、外墙板、楼梯、阳台板	±3	钢尺检查
绑扎钢筋、横向钢筋间距			±20	钢尺量连续三档,取最大值
箍筋间距			±20	钢尺量连续三档,取最大值
钢筋弯起点位置			±20	钢尺检查

固定在模板上的连接套管、连接件、预埋件、预留孔洞位置的偏差应符合表 2-7 的规定。

表 2-7　连接套管、预埋件、连接件、预留孔洞的允许偏差(mm)

项　　目		允许偏差	检验方法
钢筋连接套管	中心线位置	±3	钢尺检查
	安装垂直度	1/40	拉水平线、竖直线测量两端差值且满足连接套管施工误差要求
	套管内部、注入口和排出口的堵塞		目视
外装饰敷设	图案、分割、色彩、尺寸		与构件制作图对照及目视
预埋件(插筋、螺栓、吊具等)	中心线位置	±5	钢尺检查
	外露长度	0~5	钢尺检查且满足连接套管施工误差要求
	安装垂直度	1/40	拉水平线、竖直线测量两端差值且满足施工误差要求
连接件	中心线位置	±3	钢尺检查
	安装垂直度	1/40	拉水平线、竖直线测量两端差值且满足连接套管施工误差要求
预留孔洞	中心线位置	±5	钢尺检查
	尺寸	+8,0	钢尺检查
其他需要先安装的部件	安装状况:种类、数量、位置、固定状况		与构件制作图对照及目视

2.5.4　混凝土浇筑

混凝土浇筑前,应逐项对模具、垫块、外装饰材料、支架、钢筋、连接套管、连接件、预埋件、吊具、预留孔洞等进行检查验收,并做好隐蔽工程记录。

混凝土浇筑时应在整个模具内均匀加料。为了防止混凝土出现离析,应控制投料高度,一般不超过 500 mm。预制构件平模成型时,加料至 1/2 厚度时进行振捣,立模成型时每加料 200 mm 左右即进行振捣,直到棱角处的混凝土填充密实。振动棒的振动间距宜为 200 mm 左右,振动时振动棒的移动和拔出应缓慢进行,不能横拉,以防止内部出现孔洞。振动上层料时,振动棒应插进下层约 30 mm 深,以便使混凝土形成整体,防止分层现象。混凝土加满模具或达到规定的尺寸,振动直到混凝土表面泛浆基本没有气泡排出时成型结束。

成型完毕后,应立即对预制件胚体表面进行平整处理,但不得用水将预制件表面湿润,以防止混凝土结硬过程中表面出现干缩裂缝。将预制件模具边缘的多余混凝土清理干净,防止脱模后预制件飞边过大,影响外观质量。成型后应将预制件连同模具放到温度和湿度适宜的地方,不应放在温度过热或过冷的位置,并用遮蔽物进行覆盖,防止水分蒸发过快。

2.5.5 养护和脱模

预制构件初凝后开始进行养护,混凝土养护可采用覆盖浇水和塑料薄膜覆盖的自然养护、化学保护膜养护和蒸汽养护方法。梁、柱等体积较大的预制混凝土构件宜采用自然养护方式,养护过程中禁止扰动混凝土。当气温过低或为了提高模具的周转率需要采取加热养护时,宜采用低温蒸汽养护,养护应严格控制升降温速率及最高温度。一般来讲,预养时间应在 3 h 左右,并采用薄膜覆盖或加湿等措施防止构件干燥,升温的速度应为每小时 10~20 ℃,降温速度不超过每小时 10 ℃。对于梁柱等厚度较大的预制构架,养护的最高温度不宜超过 40 ℃,楼板等较薄的构件,养护温度不宜超过 60 ℃。持续养护时间一般不应小于 4 h。养护完成后,当混凝土表面温度和环境温度相差较大时,应立即覆盖保温,防止温度骤降造成表面开裂。

对于采用后浇混凝土或砂浆、灌浆料连接的预制构件接合面,初凝后应按照粗糙面处理。设计没有明确具体要求时,可采用化学处理、拉毛或凿毛等方法制作粗糙面。其中,化学处理方法可在模板上或需要露骨料的部位涂刷缓凝剂,脱模后用清水冲洗干净,避免残留物对混凝土及其接合面造成影响。

预制构件脱模时如果混凝土强度不足,会造成构件变形、棱角破损、开裂等现象,为保证构件结构的安全和使用功能不受影响,当构件混凝土强度达到设计强度的 30% 并不低于 C15 时,方可拆除边模,构件翻身强度不得低于设计强度的 70%,且不低于 C30,经过复核满足翻身和吊装要求后,允许将构件翻身和起吊,当构件混凝土强度高于脱模强度、低于起吊强度时,应和模具平台一起翻身,不得直接起吊构件翻身。

构件脱模后,不存在影响结构性能,钢筋、预埋件或者连接件锚固的局部破损和构件表面的非受力裂缝时,可用修补浆料进行表面修补后使用。

2.6 施工安装

装配整体式框架结构的施工现场作业主要包括临时支撑的设置和拆除、预制构件的起吊和临时固定、节点后浇混凝土的浇筑和钢筋连接等步骤。在施工安装实施前,应结合设备、场地和将要安装构件的实际情况,开展结构深化设计,针对构件运输、吊装和安装全过程的各个工况进行验算,确定合理的构件安装顺序、校准定位方法和临时固定措施,制定详细的施工方案,充分反映装配式结构施工的特点和工艺流程的特殊要求。

预制构件进场后,施工单位应对预制构件后浇混凝土部位进行隐蔽工程验收,主要包括纵向钢筋和横向钢筋的牌号、规格、数量、位置和间距,纵向受力钢筋的连接方式、接头位置、数量、锚固方式和长度,箍筋弯钩的弯折角度和平直段长度,预埋件的规格、数量和位置,以及混凝土粗糙面的质量和键槽的规格、数量、位置等。对于采用锚固板的端头,应在构件吊装前将锚固板安装在对应的钢筋端头上。

采用钢筋套筒灌浆连接和钢筋浆锚搭接连接的预制构件就位前,还应对套筒和预留孔的规格、位置、数量和深度进行检查,并与被连接钢筋的规格、位置、数量和长度进行对照。当套筒或预留孔内有杂物时,应清理干净,当连接钢筋倾斜时,应进行校直。连接钢筋偏离套筒或孔洞的中心线不宜超过 5 mm。

为了避免由于设计或施工经验的缺乏造成工程实施障碍或损失,保证装配式结构施工质量,并不断摸索和积累经验,在有条件的情况下,应选择典型的安装单元或节点进行试安装,验证并完善施工方案的可行性。

预制构件安装前,应在构件将要安装的位置测量放线,设置构件安装定位标志,并应事先在安装位置搭设必要的临时支撑、操作平台和安全保障措施。对于梁、板等水平构件,当跨度较大时,应根据施工阶段验算的要求设置稳固的支点,防止承载范围内构件自重、后浇混凝土和施工荷载作用下引起的构件的破坏、开裂或坍塌。施工荷载宜均匀布置,并不应超过设计规定。对于柱子等竖向构件,应在已经完成的楼面上支设可调节斜撑,用以调节柱子的垂直度。柱子安装前还应对柱底接合面进行清洁,并设置可调整接缝厚度和底部标高的垫块。

吊装预制构件时,应根据预制构件的形状、尺寸和重量等配置吊具。吊索的水平夹角不宜小于 60°,并不应小于 45°。为了提高施工效率,适应不同类型的构件吊装,可以采用多功能吊具。吊装时,应注意保护预制构件,防止其在安装过程中发生碰撞、刮擦从而造成损伤,或造成端部伸出钢筋的变形,更应防止其在吊装过程中破坏、滑落。

后浇混凝土浇筑前,应剔除和清理干净预制构件接合面的疏松部分,并安装模板以保证后浇混凝土部分的形状、尺寸和位置,防止漏浆。模板内应洒水湿润接合面,然后浇筑后浇混凝土。同一配合比的混凝土,每工作班且建筑面积不超过 1 000 m² 应制作一组标准试件,同一楼层应制作不少于 3 组标准试件。连接节点处后浇混凝土同条件养护试块应达到设计规定的强度方可拆除支撑或进行上部结构的安装。

柱钢筋连接中,钢筋套筒灌浆连接接头和钢筋浆锚搭接连接接头是装配整体式框架结构施工质量控制的关键环节。应采用经过验证的钢筋套筒和灌浆料配套产品,施工人员应经过专门的技术培训,并严格按照技术操作规程作业,质量检验人员应对灌浆全程进行施工质量检查,并提供可追溯的全过程灌浆质量检查记录。灌浆前,应对柱底接缝周围进行封堵。灌浆时,应该按照产品使用说明书的要求计量灌浆料和水的用量,并搅拌均匀,每次拌制的灌浆料拌合物应进行流动度的检测,并符合相关要求。灌浆环境温度不应低于 5 ℃,当连接部位养护温度低于 10 ℃时,应采取加热保温措施。灌浆作业应采用压浆法从下口灌注,当浆料从上口流出后应即时封堵,必要时可设分仓进行灌注。灌浆料拌合物应在制备后 30 min 内用完。

参考文献

[1] Blandón J J, Rodríguez M E. Behavior of Connections and Floor Diaphragms in Seismic-Resisting Precast Concrete Buildings [J]. PCI Journal, 2005, 50(2): 56-75

［2］Cheok G S, Lew H S. Model Precast Concrete Beam-to-Column Connections Subject to Cyclic Loading ［J］. PCI Journal, 1991, 36(3)：56-67

［3］Englekirk R E. Development and Testing of a Ductile Connector for Assembling Precast Concrete Beams and Columns ［J］. PCI Journal, 1995, 40(2)：36-51

［4］Ersoy U, Tankut T. Precast concrete members with welded plate connection under reversed cyclic loading ［J］. PCI Journal, 1993, 38(4)：94-100

［5］Ertas O, Ozden S, Ozturan T. Ductile connections in precast concrete moment resisting frames ［J］. PCI Journal, 2006, 51：66-76

［6］Ferrara, Liberato. Report of the tests 5/6 september 2002 on the precast prototype. ELSA Laboratory-ISPRA, 2003

［7］Loo Y C, Yao B Z. Static and Repeated Load Tests on Precast Concrete Beam-to-Column Connections ［J］. PCI Journal, 1995, 40(2)：106-115

［8］Morgen B G, Kurama Y C. Seismic Design of Friction-Damped Precast Concrete Frame Structures ［J］. Journal of Structural Engineering, 2007, 133(11)：1501-1511

［9］Priestley M J N. The PRESSS Program-Current Status and Proposed Plans for Phase III ［J］. PCI Journal, 1996, 2：22-40

［10］Resreepo J I, Robert P, Andrew H B. Tests on connections of earthquake resisting precast reinforced concrete perimeter frames of buildings ［J］. PCI Journal, 1995, 40(4)：44-60

［11］Vasconez R M, Naaman A E, Wight J K. Behavior of HPFRC Connections for Precast Concrete Frames Under Reversed Cyclic Loading ［J］. PCI Journal, 1998, 43(6)：58-71

［12］董挺峰,李振宝,周锡元,等.无黏结预应力装配式框架内节点抗震性能研究[J].北京工业大学学报,2006,32(2):144-154

［13］范力.装配式预制混凝土框架结构抗震性能研究[D].上海:同济大学土木工程学院,2007

［14］柳炳康,张瑜中,晋哲锋,等.预压装配式预应力混凝土框架结合部抗震性能试验研究[J].建筑结构学报,2005,26(2):60-65

［15］陈子康,周云,张季超,等.装配式混凝土框架结构的研究与应用[J].工程抗震与加固改造,2012,34(4):1-11

［16］张晨,孟少平.装配式预应力混凝土框架节点形式及施工方法研究[J].建筑科学,2014,30(3):113-117

［17］黄慎江.二层二跨预压装配式预应力混凝土框架抗震性能试验与理论研究[D].合肥:合肥工业大学,2013

［18］昂正文.预压装配式预应力混凝土框架抗震性能研究[D].合肥:合肥工业大学,2010

［19］郭兆军,胡克旭,郭朋,等.装配式板柱结构住宅建筑合理高度和跨度分析[J].结构工程师,2008,24(5):18-21

［20］建筑工程部华东工业建筑设计院.上海地区装配式多层工业厂房结构设计总结[C]//中国土木工程学会1962年年会论文选集(建筑结构部分),1962

［21］中国工程建设标准化协会.CECS 43:92　钢筋混凝土装配整体式框架节点与连接设计规程[S].北京:中国建筑工业出版社,1992

［22］中华人民共和国住房和城乡建设部.GB 50010—2010　混凝土结构设计规范[S].北京:中国建筑工业出版社,2011

[23] 中华人民共和国住房和城乡建设部. JGJ 224—2010　预制预应力混凝土装配整体式框架结构技术规程[S]. 北京:中国建筑工业出版社,2011

[24] 中华人民共和国住房和城乡建设部. JGJ 1—2014　装配式混凝土结构技术规程[S]. 北京:中国建筑工业出版社,2014

[25] Institude，P. C. PCI Design Handbook Precast and Prestressed Concrete 7th Edition，2010

[26] 中华人民共和国住房和城乡建设部. JGJ 256—2011　钢筋锚固板应用技术规程[S]. 北京:中国标准出版社,2011

[27] 辽宁省住房和城乡建设厅. DB21/T 1872—2011　预制混凝土构件制作与验收规程[S],2011

[28] [日]社团法人预制建筑协会. 预制建筑总论(第一册)[M]. 朱邦范,译. 北京:中国建筑工业出版社,2012

[29] 周旺华. 现代混凝土叠合结构[M]. 北京:中国建筑工业出版社,1998

[30] 赵顺波,张新中. 混凝土叠合结构设计原理与应用[M]. 北京:中国水利水电出版社,2001

[31] 林宗凡. 国外预制混凝土抗震框架的应用及研究进展[J]. 上海建材学院学报,1993,6(4)

第**3**章

村镇工业化轻钢结构

3.1 工业化轻钢结构概论

村镇轻钢结构房屋体系由传统木结构演变而来,主体骨架采用冷弯薄壁型钢,并在骨架表面覆盖板材构成屋盖、楼盖、组合墙体等围护结构(图3-1)。冷弯薄壁型钢骨架与围护结构共同组成整个结构体系,因此也可称为冷弯薄壁型钢结构。这种结构一般适用于二层或局部三层以下的独立或联排住宅。

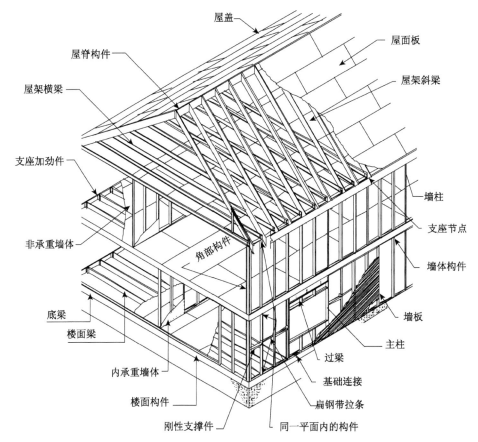

图3-1 冷弯薄壁型钢住宅结构示意图

　　冷弯薄壁型钢构件主要有 U 形(普通槽钢)和 C 形(卷边槽钢)两种截面形式,承重构件的钢材可采用 Q235、Q345 钢或 LQ550 钢,厚度为 0.7～2.0 mm,通过螺钉将钢骨架与板材连接。墙板、楼板处可以开孔,使管道与电线暗埋于其中。

　　屋盖包括屋面瓦(板)、防水层、屋面檩条、屋架、保温层、天沟和落水管等。在建筑设计中,屋盖作为房屋最上层的外围护结构需解决防水、保温、隔热等问题。别墅以及低层住宅类建筑常采用坡屋顶,屋架形式多采用由屋面梁和斜梁组成的三角形屋架,保温材料可置于屋架的下弦上,也可沿屋面布置。如图 3-2 所示为两种屋面做法。

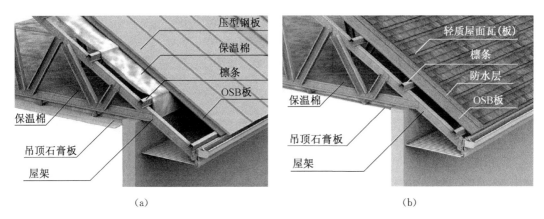

(a)   (b)

图 3-2　屋面做法

　　楼盖在整个结构体系中不仅要承担上部的静荷载和活荷载,还要具有足够的刚度来防止颤动、隔声和防火功能,并且一旦楼板安装完毕,它将成为上一层施工"平台"。楼盖可选择干楼板和湿楼板两种做法,如图 3-3 所示。

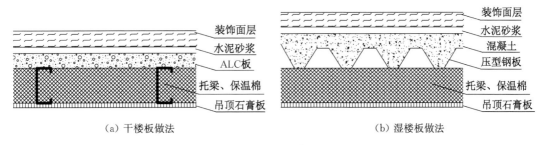

(a) 干楼板做法   (b) 湿楼板做法

图 3-3　楼板做法

　　组合墙体由立柱、结构板材或装饰板材和拉条等组成。组合墙体是冷弯薄壁型钢房屋体系的重要承重及抗侧部件,同时又起着围护作用。它不仅承受楼盖和屋盖体系传递而来的竖向荷载,也抵抗风和地震作用产生的水平荷载,并将荷载传至基础。根据在建筑物中所处的位置不同,墙可分为外墙和内墙两大部分。典型的外墙柱体系组成如图 3-4(a)所示,图 3-4(b)为内墙结构常见的组成形式。

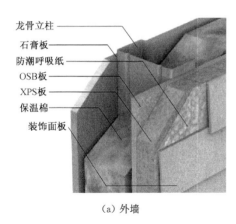
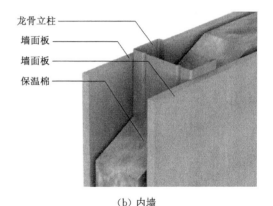

龙骨立柱
石膏板
防潮呼吸纸
OSB板
XPS板
保温棉
装饰面板

龙骨立柱
墙面板
墙面板
保温棉

（a）外墙　　　　　　　　　　　　　（b）内墙

图 3-4　典型墙柱体系

3.1.1　冷弯薄壁型钢特点

冷弯薄壁型钢以热轧或冷轧卷材和带材为原料，在常温下，用连续辊弯成型、拉拔弯曲成型、冲压折弯成型等方法，加工制造出热轧方法难以生产的各种断面的型材和板材，其中辊弯成型（图 3-5）是冷弯型钢的主要加工方法。

（a）C 型钢辊弯成型　　　　　　　　（b）压型钢板辊弯成型

图 3-5　冷弯薄壁型钢辊弯成型

近些年来，冷弯薄壁型钢产品在建筑、汽车制造、船舶制造、电子工业及机械制造业等许多领域得到了广泛应用，其产品从普通的导轨、门窗等结构件到一些为特殊用途而制造的专用型材，类型极其广泛。随着钢结构的结构形式日趋广泛，高效、经济的冷弯薄壁型钢在建筑业尤其是轻钢房屋的建设中应用尤其突出。建筑结构中的冷弯薄壁型钢有如下优点：

（1）通过冷成型加工可经济地得到需要的截面形状，进而获得令人满意的强度质量比，以节约用钢量。

（2）截面形状便于叠放，节约了包装和运输时的空间。

（3）压型钢板能为屋顶、楼面及墙板提供表面，还能为电力和其他管道提供密封式部件。

（4）压型钢板不仅能承受垂直于板表面的荷载，而且当相互之间及与支承构件可靠连接时，板还可作为剪力蒙皮抵抗自身平面内的荷载。

与木材和混凝土等其他材料相比，冷弯薄壁型钢结构构件具有以下特性：

（1）质量轻、强度高、刚度大。

（2）便于配件预制并大量生产，运输、管理经济。

（3）受天气影响小，建造及安装迅速、便利。

（4）断面均匀、表面光洁、尺寸精度高。

（5）施工无需支模，环境温度作用下无收缩、无徐变。

（6）防白蚁及腐蚀，具有不燃性，材料可回收。

3.1.2   轻钢房屋特点

与传统结构的村镇住宅相比，冷弯薄壁型钢结构住宅具有以下特点：

（1）结构轻质高强。楼盖结构自重为传统混凝土楼板的 1/6～1/4，墙体采用冷弯薄壁型钢组合墙体，整体结构的自重仅为混凝土框架结构的 1/4～1/3，为砖混结构的 1/5～1/4。较小的自重使地震作用下产生的水平作用力小，且其自身刚度大，加上合理的结构构造方式可以达到理想的抗震效果，同时自重的减轻对地基承载力要求也相应降低，可减少地基造价。

（2）建筑设计美观、空间利用率高。墙板结构四壁规整，无凹凸的结构构件，便于室内的空间布置，可按用户的需求设计出色彩鲜艳、立面丰富、具有现代化气息的建筑。由于是墙柱承重，建筑平面可自由分隔，布置大开间。管线暗埋于墙体及楼层结构中，布置方便，日后检修与维护简单。墙体厚度小，建筑内部实际使用面积大幅增加，提高了空间利用率。

（3）住宅的居住舒适性高。冷弯薄壁型钢住宅采用新型建筑材料，防潮湿、防霉变、防虫蛀、不助燃，居住环境卫生健康，隔热和隔声性能好，外形美观，是良好的宜居场所。

（4）施工便利、环保、周期短。工地施工主要为构件的安装，施工不受季节和天气的影响，施工现场混凝土湿作业少，不需要模板支架，工地垃圾少、噪音低，对环境的影响小。施工过程与传统的房屋施工相比降低了手工作业的强度，有利于控制施工质量和施工进度，减少了人力费的支出。

（5）节能、节地、节材。所采用的主要结构材料是钢材，自重轻，通过优化截面形式而不是增大截面面积来提高承载力，用钢量少，且钢材可回收利用，组合墙体所用的墙架钢柱、保温棉、石膏板取代了我国村镇大量使用的实心黏土砖，减少了水泥的使用，节约了不可再生资源。此外这种轻自重的结构体系使基础负担小，可建设在坡地、劣地，节约了土地资源。

（6）有利于住宅产业化。冷弯薄壁型钢结构现场拼装，所用构件均可实行模数化设计、工厂标准化生产、市场化采购，配套性好，且避免了现场人工制作对质量的影响，有利于推动住宅建筑向工业化和产业化发展。

3.1.3　轻钢房屋发展及应用现状

近 20 余年,冷弯薄壁型钢结构房屋体系(也称为冷弯薄壁型钢结构 CFSF 体系)在欧美、澳大利亚、日本等国家得到广泛应用,但主要用作三层以下的别墅住宅、公寓及其他民用房屋。相较于木结构而言,冷弯薄壁型钢结构房屋体在住宅产业化、环保、抗震防灾、加速房屋建造周期等方面具有优势。因此,国外采用 CFSF 房屋体系替代传统的木结构房屋。

1. 冷弯薄壁型钢结构房屋体系在国外的发展历史

冷弯薄壁型钢在建筑领域中的应用始于 19 世纪 50 年代的英国和美国,并于 20 世纪 40 年代在欧美、澳大利亚等发达国家、地区开始得到广泛应用。

1939 年,美国的康奈尔大学在乔治·温特教授领导下,开始对冷弯薄壁型钢结构进行研究。研究工作得到了美国钢铁协会(AISI)的资助,短短几年,温特教授取得了一系列的研究成果。1946 年,基于温特教授的研究成果,AISI 发行了允许应力设计(ASD)规范《冷弯薄壁型钢结构构件设计规范》,这也是世界上最早的关于冷弯薄壁型钢结构方面的规范和准则。正是这个规范的制定,为冷弯薄壁型钢在美国的推广和发展提供了设计依据。此后,AISI 分别于 1956 年、1960 年、1962 年、1968 年、1980 年和 1986 年对该规范进行了修订。如今,美国已将将 AISI 相关冷弯薄壁型钢设计标准上升为国标,其中包括:《冷弯薄壁型钢结构总则》《低层轻钢住宅指定性建造方法标准》《冷弯薄壁型钢桁架设计标准》《冷弯薄壁型钢过梁设计标准》《冷弯薄壁型钢抗侧力体系设计标准》。

加拿大标准协会(CSA)于 1967 年也发布了《冷弯薄壁型钢结构设计规程》。在轻钢龙骨结构低层住宅方面,加拿大有比美国更为细致的技术规范与手册,如加拿大薄壁钢建筑结构协会(CSSBI)发布的《轻钢住宅结构施工细则》《轻钢住宅构件选样标准表》《轻钢住宅结构设计指南》《低层轻钢结构施工细则》等。更为重要的是加、美两国成立了北美钢框架联盟(NASFA),最终实现了北美冷弯薄壁型钢结构设计标准的统一。

同时,欧洲钢结构协会(ECCS)完成了一系列用于建筑冷弯薄壁型钢结构测试及设计的文件。20 世纪末,欧洲标准化委员会发行了用于冷弯薄壁型钢构件和钢板的欧洲规范 3 中的 1～3 部分(Eurocode 3:Part 1-3),这标志着欧洲在冷弯薄壁型钢结构方面也有了统一标准。

冷弯薄壁型钢结构技术在大洋洲的发展主要是以澳大利亚和新西兰两国为主,澳大利亚的 Hancock 教授是继美国的温特教授之后又一位杰出的大师级人物。在他的主持领导下,大洋洲于 1996 年统一了冷弯薄壁型钢结构技术标准("Australian Standards/New Zeal Standards on Cold-Formed Steel Structure",AS/NZS 4600,1996)。

亚洲冷弯薄壁型钢结构的发展始于 20 世纪 80 年代。进入 90 年代,日本加大了在这一领域的研究与开发。1995 年,日本钢材俱乐部成员以新日铁为首的六大钢铁企业联合开始研发冷弯薄壁型钢结构房屋体系(后称为 KC 技术体系)。2002 年,日本钢铁协会薄板轻钢委员会颁布了《薄板轻量型钢造建筑物设计手册》,此后上升为国家标准。

2. 冷弯薄壁型钢结构房屋体系在国外的应用现状

美国在 1992 年初期,仅有 500 栋冷弯薄壁型钢住宅,1993 年建造了 15 000 栋,1996 年 75 000 栋,而 1998 年达到 12 万栋,2000 年达到 20 万栋的规模,约占住宅建筑总数的 20%,2002 年后约占住宅市场份额的 25%。为加快这种房屋体系在美国的应用,由全国住宅房屋研究中心(NAHBRC)、美国钢铁学会(AISI)和美国城镇住房开发部(DHUD)等机构,组织并编制了冷弯薄壁型钢结构房屋体系(1～3 层)设计、建造标准,并实现了设计标准化、图表化。冷弯薄壁型钢结构房屋体系经过十余年的应用与发展,作为三层以下低层建筑,无论从结构的安全可靠性,还是制造、安装各种工法已基本完善。在北美,这种结构还被越来越多地运用到多层建筑领域,图 3-6、图 3-7 为北美钢框架联盟(NASFA)及加拿大板钢材料建筑协会(CSSBI)在建的多层冷弯薄壁型钢住宅,另据建设部住宅中心考察报告称,北美冷弯薄壁型钢多层住宅已实施将近 300 万 m²。

图 3-6　NASFA 某多层冷弯薄壁型钢住宅　　　　图 3-7　CSSBI 某多层冷弯薄壁型钢住宅

在日本,冷弯薄壁型钢结构住宅(日本称薄板钢骨住宅)份额也呈逐年上升趋势。目前年建造数量都在一万栋以上,并被国家大力推广使用在独立式住宅、别墅、学生公寓、汽车旅馆、超市、儿童活动室、老人福利院、医务室等不同类型建筑中。2002 年,日本的新日铁公司启动了多层冷弯薄壁型钢结构技术的研发。

从全球范围看,多层冷弯薄壁型钢房屋体系在各国应用的实例不多,但从一些不完整资料或介绍中看到,北美地区已成功将冷弯薄壁型钢房屋体系用于三层以上的多层房屋住宅中。

3. 冷弯薄壁型钢结构房屋体系在国内的发展和应用

与西方发达国家相比,我国冷弯薄壁型钢结构技术的发展起步较晚。20 世纪 80 年代初期,国内以西安冶金建筑科技大学(现西安建筑科技大学)的何保康教授、哈尔滨建筑工程学院(现哈尔滨工业大学)的张耀春教授为代表的一批钢结构领域的学者赴美国康奈尔大学师从乔治·温特教授,这是我国冷弯薄壁型钢结构领域研究的开端。1987 年,我国发布了第一部冷弯薄壁型钢结构设计标准《冷弯薄壁型钢结构技术规范》(GBJ 18—1987),1998 年开始全面修订,并于 2002 年 9 月 27 日发布修订的《冷弯薄壁型钢结构技术规范》(GB 50018—2002)。由于近年来冷弯薄壁型钢结构试验方面不断取得进展,原规范主要承重构件壁厚适用范围2.0～6.0 mm将可能扩展至0.4～6.0 mm。此外,我国住房和城乡建设部于2011年1月28日发布了《低层冷弯薄壁型钢房屋建筑技术规程》(JGJ 227—2011),该规程于2011年12月1日正式实施,亦可作为冷弯薄壁型钢结构设计、施工的技术参考。

市场方面的发展落后于技术领域。20世纪80年代中后期尽管一批学者从美国学成回国,又出台了冷弯薄壁型钢结构的国家标准,但市场并无大的发展,在沉寂近十年后的90年代中期才率先在工业厂房、仓库等工业建筑中开始使用门式刚架等冷弯薄壁型钢结构技术。这是一次遍及全国的门式刚架厂房热,包括门式刚架,冷弯型钢檩条、支撑,压型钢板屋面和墙面等冷弯薄壁型钢构件被大量地使用在这种新型结构厂房中。20世纪末至21世纪初,一批国外成熟的低层冷弯薄壁型钢结构住宅技术进入中国,如日本的新日铁、澳大利亚的博思格、美国的华星顿等企业都开始涉足中国建筑市场。

近几年,随着建设部大力推行钢结构住宅政策,国内先后成立了多家专业从事冷弯薄壁型钢房屋设计、施工的企业,如上海美建钢结构有限公司、北新房屋有限公司、上海绿筑住宅系统科技有限公司、北京豪斯泰克钢结构有限公司、上海钢之杰钢结构建筑有限公司等。这些企业分别在全国多地建造了一批以日本新日铁工法和北美体系为代表的三层以下冷弯薄壁型钢房屋建筑,如图3-8所示。部分企业还从自身经营考虑编写了企业标准,如北新房屋有限公司于2003年编制的《薄板钢骨建筑体系技术规程》、上海绿筑住宅系统科技有限公司于2005年编制的《低层冷弯薄壁型钢结构施工质量验收规程》等。

图3-8　国内建造的北美风格的轻钢房屋

目前,我国冷弯薄壁型钢房屋结构每平方米的建筑造价已从原来的3 000余元拉低至如今的1 200元。钢结构以外住宅市场如砖混一般造价为800～1 000元/m²、钢筋混凝土结构住宅为1 000～1 200元/m²。近年来我国经济持续快速发展,"三农"问题的解决、农业税的取消等都将使得劳动力成本不断上升成为必然趋势。这对于产业化程度高的冷弯薄壁型钢建筑而言,成本的竞争力反而呈现增强的趋势,加上该技术大大缩短建设工期,这又将大大降低项目的整体运行成本,因此,与传统住宅结构相比,冷弯薄壁型钢房屋建筑的综合经济效益日益凸显,所以从加快我国住宅建设产业化进程的角度出发,编制一套适合我国的冷弯薄壁型钢房屋国家标准和行业标准是必要而迫切的。

3.2 材料及其力学性能

3.2.1 冷弯薄壁型钢力学性能

用于冷弯薄壁型钢的钢材在结构构件性能中起着重要作用,因此设计冷弯薄壁型钢结构构件之前,熟悉结构构件中的钢片、钢带、钢板、扁钢的力学性能很重要。

1. 材料选用

冷弯薄壁型钢房屋承重结构所用钢材主要是碳素结构钢和低合金结构钢两种,钢材选用应符合下列规定:

(1)用于低层冷弯薄壁型钢房屋承重结构的钢材,应采用符合现行国家标准《碳素结构钢》(GB/T 700)、《低合金高强度结构钢》(GB/T 1591)规定的 Q235 级、Q345 级钢材,或符合现行国家标准《连续热镀锌钢板及钢带》(GB/T 2518)和《连续热镀铝锌合金镀层钢板及钢带》(GB/T 14978)规定的 550 级钢材。当有可靠依据时,可采用其他牌号的钢材,但应符合相应有关国家标准的规定。

(2)用于低层冷弯薄壁型钢房屋承重结构的钢材,应具有抗拉强度、伸长率、屈服强度、冷弯试验和硫、磷含量的合格保证;对焊接结构,尚应具有碳含量的合格保证和冷弯试验的合格保证。

(3)在技术经济合理的情况下,可在同一结构中采用不同牌号的钢材。

(4)用于低层冷弯薄壁型钢房屋承重结构的钢带或钢板的镀层标准应符合现行国家标准《连续热镀锌钢板及钢带》(GB/T 2518)和《连续热镀铝锌合金镀层钢板及钢带》(GB/T 14978)的规定。

(5)在低层冷弯薄壁型钢房屋的结构设计图纸和材料订货文件中,应注明所采用的钢材的牌号、质量等级、供货条件等以及连接材料的型号(或钢材的牌号),必要时尚应注明对钢材所要求的机械性能和化学成分的附加保证项目。

2. 设计指标

按《低层冷弯薄壁型钢房屋建筑技术规程》(JGJ 227—2011)规定,冷弯薄壁型钢房屋承重结构所用钢材强度设计值应按表 3-1 的规定采用。

表 3-1　冷弯薄壁型钢钢材的强度设计值(MPa)

钢材牌号	钢材厚度 t(mm)	屈服强度 f_y	抗拉、抗压和抗弯 f	抗剪 f_v	端面承压 (磨平顶紧)f_{ce}
Q235	$t \leqslant 2$	235	205	120	310
Q345	$t \leqslant 2$	345	300	175	400

续表 3-1

钢材牌号	钢材厚度 t(mm)	屈服强度 f_y	抗拉、抗压和抗弯 f	抗剪 f_v	端面承压（磨平顶紧）f_e
LQ550	$t<0.6$	530	455	260	—
	$0.6\leqslant t\leqslant 0.9$	500	430	250	
	$0.9<t\leqslant 1.2$	465	400	230	
	$1.2<t\leqslant 1.5$	420	360	210	

注：本书中的 550 级钢材定名为 LQ550。

根据《冷弯薄壁型钢结构技术规范》(GB 50018—2002)，用于冷弯薄壁型钢房屋结构的钢材物理性能应符合表 3-2 的规定。

表 3-2 冷弯薄壁型钢钢材的物理性能

弹性模量 E（MPa）	剪切模量 G（MPa）	线膨胀系数 α（以每℃计）	质量密度 ρ（kg/m^3）
206×10^3	79×10^3	12×10^{-6}	7 850

除此之外，冷弯薄壁型钢钢材的屈服点、抗拉强度及应力—应变曲线等力学性能也可以参考现行国家标准《金属材料拉伸试验第 1 部分：室温试验方法》(GB/T 228)给出的标准试验确定。

3.2.2 板材力学性能

板材可采用纸面石膏板、硅酸钙板、玻镁板、OSB 板、ALC 板等，板材的规格和性能应符合现行国家标准《纸面石膏板》(GB/T 9775—2008)、《纤维增强硅酸钙板》(JC/T 564—2008)、《氧化镁板》(CNS 14164—2008)、《定向刨花板》(LY/T 1580—2010)、《蒸压加气混凝土板》(GB 15762—2008)以及《室内装饰装修材料人造板及其制品中甲醛释放限量》(GB 18580—2001)的规定和设计要求。如有可靠依据，也可采用其他替代材料。由于建筑板材种类繁多，其力学性能指标一般根据试验确定。

3.2.3 连接件力学性能

1. 连接件选用

低层冷弯薄壁型钢住宅结构体系所使用的连接件主要为螺钉和地脚锚栓，此外，还可能用到射钉、抽芯铆钉（拉铆钉）、螺栓等。常用的连接件规格如表 3-3 所示。

表 3-3 连接件选用表

序号	名称	规格	螺杆直径(mm)	长度(mm)	连接部位
1	地脚锚栓	M12×350	12.00	350	首层承重墙底部拖梁与基础
2	膨胀螺栓	M10×110	10.00	110	首层承重墙底部拖梁与基础

续表 3-3

序号	名称	规格	螺杆直径(mm)	长度(mm)	连接部位
3	六角头自攻自钻螺钉	ST4.8×19	4.80	19	屋架与墙体
		ST4.8×38	4.80	38	墙体底部托梁与楼层板
		ST6.3×32	6.30	32	天花板与楼层构件
4	盘头自攻自钻螺钉	ST4.8×19	4.80	19	冷弯薄壁型钢构件之间
5	平沉头自攻自钻螺钉	ST4.8×32	4.80	32	墙面板与墙体骨架;屋面板与屋架
		ST4.8×45	4.80	45	墙面板与墙体骨架
		ST4.8×75	4.80	75	墙面板与墙体骨架
6	射钉	3.7×32	3.70	32	底部托梁与基础

注:螺钉长度指从钉头的支撑面到尖头末端的长度。

(1) 冷弯薄壁型钢构件之间及其与建筑板材间的连接一般采用自攻、自钻螺钉,且应符合现行国家标准《自攻自钻螺钉》(GB/T 15856.1~GB/T 15856.5)或《自攻螺钉》(GB/T 5282~GB/T 5285)的规定。自攻螺钉的钻头形式有自钻和自攻两种(图 3-9),螺钉的头部有六角头、圆头、平头、喇叭头、沉头等形式。自攻自钻螺钉用于 0.75 mm 厚度以上的钢板之间的连接,自攻螺钉用于石膏板等建筑板材与 0.75 mm 厚度以下的钢板之间的连接。

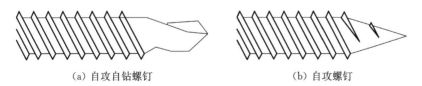

(a) 自攻自钻螺钉   (b) 自攻螺钉

图 3-9   螺钉钻头形式

采用自攻螺钉连接时,自攻螺钉的钉头应靠近较薄的构件一侧,并至少有 3 圈螺纹穿过连接构件,如图 3-10 所示。自攻螺钉的中心距和端距不小于 3 倍的螺钉直径,边距不小于 1.5 倍自攻螺钉直径。受力连接中的螺钉连接数不得少于 2 个。

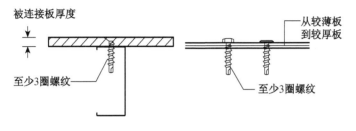

图 3-10   自攻螺钉连接示意图

(2) 普通螺栓应符合现行国家标准《六角头螺栓 C 级》(GB/T 5780)的规定,其机械性能应符合国家标准《紧固件机械性能螺栓、螺钉和螺柱》(GB/T 3098.1)的规定。锚栓可采用现行国家标准《碳素结构钢》(GB/T 700)规定的 Q235 钢或《低合金高强度结构钢》(GB/T 1591)规定的 Q345 钢。

冷弯薄壁型钢 U 形底梁与混凝土基础通过地脚锚栓连接时,地脚锚栓离房屋拐角或门洞边的水平距离不应大于 300 mm;地脚锚栓的直径不宜小于 M12,宜选用下部带弯钩的螺杆,螺杆在混凝土基础中平直部分的长度不宜小于 20d(d 为锚栓直径)。

(3)抽芯铆钉应采用现行国家标准《标准件用碳素钢热轧圆钢》(GB/T 715)中规定的 BL2 或 BL3 号钢制成,同时符合现行国家标准《抽芯铆钉》(GB/T 12615~GB/T 12618)的规定。

(4)射钉应符合现行国家标准《射钉》(GB/T 18981)的规定。

此外,冷弯薄壁型钢结构也可以通过焊接方式将多根单 C 形、U 形构件拼合成一个构件,形成如工字形、箱形等拼合截面。焊接采用的材料应符合下列要求:

(1)手工焊接采用的焊条,应符合现行国家标准《碳钢焊条》(GB/T 5117)或《低合金钢焊条》(GB/T 5118)的规定。选择的焊条型号应与主体金属力学性能相适应。

(2)自动焊接或半自动焊接采用的焊丝和相应的焊剂应与主体金属力学性能相适应,并应符合现行国家标准《熔化焊用钢丝》(GB/T 14957)的规定。

2. 设计指标

(1)焊接设计指标

焊缝的强度设计值应按现行国家标准《冷弯薄壁型钢结构技术规范》(GB 50018—2002)的规定采用,如表 3-4 所示;电阻点焊每个焊点的抗剪承载力设计值,应按现行国家标准《冷弯薄壁型钢结构技术规范》(GB 50018—2002)的规定采用,如表 3-5 所示。

表 3-4　焊缝的强度设计值(MPa)

构件钢材牌号	对接焊缝			角焊缝
	抗压 f_c^w	抗拉 f_t^w	抗剪 f_v^w	抗压、抗拉和抗剪 f_f^w
Q235 钢	205	175	120	140
Q345 钢	300	255	175	195

注:1. 当 Q235 钢与 Q345 钢对接焊接时,焊缝的强度设计值按表 3-4 中 Q235 钢栏的数值采用;
　2. 经 X 射线检测符合一、二级焊缝质量标准的对接焊缝的抗拉强度设计值采用抗压强度设计值。

表 3-5　电阻点焊的抗剪承载力设计值

相焊板件中外层较薄板件的厚度 t(mm)	每个焊点的抗剪承载力设计值 N_v^s(kN)	相焊板件中外层较薄板件的厚度 t(mm)	每个焊点的抗剪承载力设计值 N_v^s(kN)
0.4	0.6	2.0	5.9
0.6	1.1	2.5	8.0
0.8	1.7	3.0	10.2
1.0	2.3	3.5	12.6
1.5	4.0	—	—

（2）连接件设计指标

螺钉、螺栓的强度设计值应按现行国家标准《冷弯薄壁型钢结构技术规范》（GB 50018—2002）规定采用，如表 3-6 所示。对于非标螺钉、螺栓的抗剪强度，亦可通过如图 3-11 所示试验获得。

表 3-6　C 级普通螺栓、螺钉的强度设计值（MPa）

类　别	螺钉等级	构件的钢材牌号	
	ST4.6、ST4.8	Q235 钢	Q345 钢
抗拉 f_t^b	165	—	—
抗剪 f_v^b	125	—	—
承压 f_c^b	—	290	370

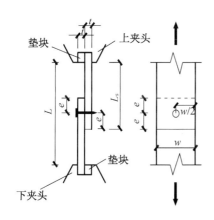

L—连接件搭接后的总长度（不包括夹头夹住部分）；
L_s—单块连接板长度（不包括夹头夹住部分）；
w—连接板宽度；
e—边缘距离；
t—连接板厚度。

图 3-11　螺钉、螺栓材料抗剪强度试验装置示意图

冷弯薄壁型钢构件一般通过自攻自钻螺钉与建筑板材进行连接。此时，连接件的力学性能大多通过试验确定。

3.3　轻钢房屋设计要点

3.3.1　轻钢房屋设计一般规定

1. 设计原则

冷弯薄壁型钢房屋的构件与配件，为了便于工业化生产，其建筑、结构、设备和装修宜进行一体化设计，并按照现行国家标准《建筑模数协调统一标准》（GBJ 2）和《住宅建筑模数协调标准》（GB/T 50100）的要求，充分考虑构、配件和设备的模数化、标准化和定型化，以提高效率、保证质量、降低成本。同时，作为一种新型节能环保建筑，冷弯薄壁型钢房屋宜采用可再生能源，且应满足房屋建筑的基本功能和性能要求。

冷弯薄壁型钢房屋的建筑设计应符合《住宅建筑规范》（GB 50368）、《住宅设计规范》

(GB 50096)、《建筑抗震设计规范》(GB 50011)等现行相关国家设计规范和标准的要求。建筑装饰装修应符合现行国家标准《住宅装饰装修工程施工规范》(GB 50327)的要求,轻质墙体、门窗和屋顶等围护结构应与主体结构有可靠的连接,外墙体与屋面应采取防潮、防雨措施,门窗缝隙应采取防水和保温隔热的构造措施,其密封条等填充材料应耐久、可靠。

冷弯薄壁型钢房屋的结构设计采用以概率理论为基础的极限状态设计方法,按分项系数设计表达式进行计算,其中,楼面、屋面及墙体承重构部件的强度和稳定性设计,应分别按照承载能力极限状态和正常使用极限状态进行计算,且遵循以下原则:

(1) 当结构构件和连接按不考虑地震作用的承载能力极限状态设计时,应根据现行国家标准《建筑结构荷载规范》(GB 50009)采用荷载效应的基本组合进行计算。当结构构件和连接按考虑地震作用的承载能力极限状态设计时,应根据现行国家标准《建筑抗震设计规范》(GB 50011)荷载效应组合进行计算,其中承载力抗震调整系数 r_{RE} 取 0.9。同时,随着地震烈度的增大,应注意抗震构造措施的加强,如边缘部位螺钉间距加密,抗震墙与基础之间、上下抗震墙之间以及抗震墙与屋面之间的连接加强。

(2) 当结构构件按正常使用极限状态设计时,应根据现行国家标准《建筑结构荷载规范》(GB 50009)规定的荷载效应的标准组合和现行国家标准《建筑抗震设计规范》(GB 50011)规定的荷载效应组合进行计算。

(3) 结构构件的受拉强度应按净截面计算;受压强度应按有效净截面计算;稳定性应按有效截面计算;变形和各种稳定系数均可按毛截面计算。构件中受压板件的有效宽度应按现行国家标准《冷弯薄壁型钢结构技术规范》(GB 50018—2002)的要求,当板厚小于 2 mm 时,应考虑相邻板件的约束作用。

2. 作用与效应

(1) 作用一般规定

冷弯薄壁型钢房屋的屋面结构设计,如屋面板、檩条、屋架等,应依据现行国家标准《建筑结构荷载规范》(GB 50009)的规定进行荷载取值,其中,不上人屋面的竖向均布活荷载的标准值(按水平投影面积计算)取 0.5 kN/m^2,同时,尚应考虑施工及检修集中荷载,其标准值取 1.0 kN 且作用在结构最不利位置上,并且当施工或检修荷载较大时,应按实际情况采用。屋面风荷载和雪荷载的分布应按现行国家标准《建筑结构荷载规范》(GB 50009)的规定采用,复杂体型的房屋屋面的风载体系系数和积雪分布系数参照《低层冷弯薄壁型钢房屋建筑技术规程》(JGJ 227—2011)的规定。

此外,冷弯薄壁型钢房屋建筑设计还应符合现行国家标准《建筑抗震设计规范》(GB 50011)关于抗震概念设计的要求。地震作用应按现行国家标准《建筑抗震设计规范》(GB 50011)的规定采用底部剪力法或振型分解反应谱法进行计算。对于不规则的建筑结构,应按现行国家标准《建筑抗震设计规范》(GB 50011)进行内力调整,并应对薄弱部位采取有效的抗震构造措施进行加强。

(2) 作用效应一般规定

冷弯薄壁型钢房屋结构的内力与位移等作用效应的计算一般采用一阶弹性分析方

法。计算基本构件和连接时,荷载的标准值、荷载分项系数、荷载组合值系数的取值以及荷载效应组合,均应按现行国家标准《建筑结构荷载规范》(GB 50009)的规定采用。

3. 建筑及结构布置

冷弯薄壁型钢房屋建筑设计及结构布置尚应遵循以下基本原则:

(1) 建筑结构系统宜规则布置。

(2) 当结构布置不规则时,可以布置适宜的型钢、桁架构件或其他构件,以形成水平和垂直抗侧力系统。当建筑物出现以下情况之一时,应被认为是不规则的:

a. 结构外墙从基础到最顶层不在同一个垂直平面内。

b. 楼板或屋面某一部分的边沿没有抗震墙体提供支承。

c. 部分楼面或者屋面,从结构墙体向外悬挑长度大于 1.2 m。

d. 楼面或屋面的开洞宽度超出了 3.6 m,或者洞口较大尺寸超出楼面或屋面最小尺寸的 50%。

e. 楼面局部出现垂直错位,且没有被结构墙体支承。

f. 结构墙体没有在两个正交方向同时布置。

g. 结构单元的长宽比大于 3。

(3) 其他设计要求参照《低层冷弯薄壁型钢房屋建筑技术规程》(JGJ 227—2011) 4.3 节的规定。

4. 构造的一般规定

冷弯薄壁型钢房屋可参照图 3-1 建造,每个住宅单元的平面尺寸为:最大长度 18 m,宽度为 12 m;单层承重墙高度不超过 3.3 m,檐口高度不超过 9 m;屋面坡度取值宜在 1∶4～1∶1 范围内;斜挑梁悬挑长度不超过 300 mm,其他悬挑构件悬挑长度不超过 600 mm。当住宅的尺寸超出上述规定的范围时,应符合设计要求。冷弯薄壁型钢房屋结构属于受力蒙皮结构,结构面板既是重要的抗侧力构件(抗震墙体)的组成部分,同时也为所连接构件提供可靠的稳定性保障,因此承重墙体、楼面以及屋面中的立柱、梁等承重构件应与结构面板或斜拉支撑构件可靠连接。

冷弯薄壁型钢基本构件一般采用 U 形截面和 C 形截面,如图 3-12 所示。U 形截面(图 3-12(a))一般用作顶导轨(也称顶导梁)、底导轨(也称底导梁)或边梁;C 形截面(图 3-12(b))一般用作梁柱构件。冷弯薄壁型钢构件的钢材厚度在 0.46～2.46 mm 范围内。考虑到进行可靠性分析时,壁厚太薄,试件的材料强度、试验结果离散性过大,所以规定 U 形截面和 C 形截面承重构件的厚度应不小于 0.75 mm。此外,钢蒙皮、压型钢板一般采用厚度为 0.46～0.84 mm 的钢材,非承重构件的基材厚度不宜小于 0.60 mm。

根据我国现行国家标准《低层冷弯薄壁型钢房屋建筑技术规程》(JGJ 227—2011)的规定,冷弯薄壁型钢构件的受压板件宽厚比不应大于 4.5.1 条所示限值;受压构件的长细比,不宜大于 4.5.2 条规定的限值;受拉构件的长细比,不宜大于 350,但张紧拉条的长细比可不受此限制;当受拉构件在永久荷载和风荷载或多遇地震组合作用下受压时,长细比不宜大于 250。

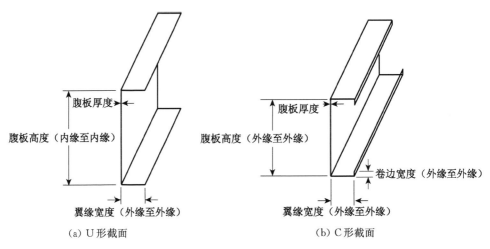

（a）U形截面 （b）C形截面

图 3-12　冷弯薄壁型钢构件

同一平面内的承重梁、柱构件,在交接处的截面形心轴线的最大偏差要求小于15 mm,如图 3-13 所示。构件形心之间的偏心超过 15 mm 后,应考虑附加偏心距对构件的影响。楼面梁支承在承重墙体上,当楼面梁与墙体柱中心线偏差较小时,楼面梁承担的荷载可直接传递到墙体立柱,在楼盖边梁和支承墙体顶导轨中引起的附加弯矩可以忽略,不必验算边梁和顶导轨的承载力,否则要单独计算,计算方法同墙体过梁。

冷弯薄壁型钢构件的腹板开孔时应满足规范《低层冷弯薄壁型钢房屋建筑技术规程》(JGJ 227—2011)4.5.5～4.5.11条。

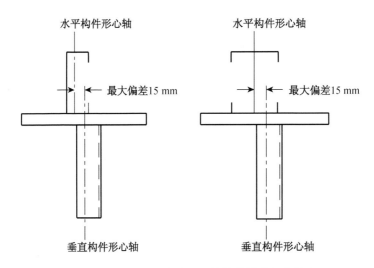

图 3-13　同一平面内的承重构件的轴线允许偏差

3.3.2　轻钢房屋设计要点

1. 有效截面设计

在冷弯薄壁型钢结构设计中,构件的单个板件通常较薄,且宽厚比大。这种薄壁板件如果承受弯曲或轴向压力作用,在应力水平低于钢材屈服点时就有可能发生局部屈曲,如图 3-14 所示的帽形截面的受压翼缘。与柱等一维构件不同,加劲受压板件发生局部屈曲后,不会破坏,可以通过应力重分布,继续承受附加荷载,这就是板的屈曲后强度。因此设计冷弯薄壁型钢构件截面的板件时,应以屈曲后强度为基础,而不是以临界局部屈曲应力为基础。

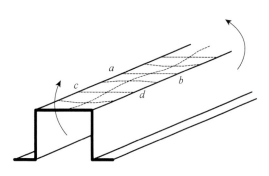

图 3-14 帽形截面梁受压翼缘的局部屈曲

屈曲前板中应力均匀分布,如图 3-15(a)所示。屈曲之后,板中心部分板条屈曲前荷载中的一部分传至板边缘部分,形成非均匀应力分布,如图 3-15(b)所示。直到边缘应力达到钢材屈服点,应力重分布才终止,板开始破坏(图 3-15(c))。为简化计算,假设总荷载由均匀分布的板边应力 f_{max} 承担,且 f_{max} 的分布宽度为假想的"有效宽度"b_e,以代替考虑沿整个板宽度 b 的非均匀分布应力,如图 3-16 所示。宽度 b_e 按照实际非均匀应力分布下的曲线面积等于总宽度 b、应力强度为板边应力 f_{max} 的等效矩形阴影面积之和的条件确定。

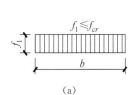
(a)

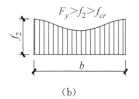
(b)

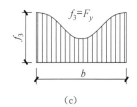
(c)

图 3-15 加劲受压板件中的应力分布

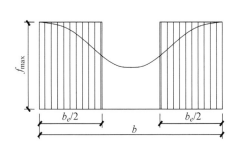

图 3-16 受压板的有效宽度

加劲板件、部分加劲板件和非加劲板件的有效宽厚比,受压板件的稳定系数,受压板件的板组约束系数按照《冷弯薄壁型钢结构技术规范》(GB 50018—2002) 5.6 节计算得出。

2. 墙体结构设计

低层冷弯薄壁型钢房屋墙体系统如图 3-17 所示,是由冷弯薄壁型钢骨架、墙体结构面板、填充保温材料等通过螺钉连接组合而成的复合体。为了便于设计计算,根据墙体在建筑中所处位置、受力状态划分为外墙、内墙、承重墙、抗震墙和非承重墙等几类。承重墙的立柱承担冷弯薄壁型钢房屋的全部竖向荷载,抗震墙则承受水平风荷载及水平地震作用。承重墙和抗震墙应由立柱、顶导梁和底导梁、支撑、拉条和撑杆、墙体结构面板等部件组成。非承重墙可不设置支撑、拉条和撑杆。墙体立柱的间距宜为 400～600 mm。

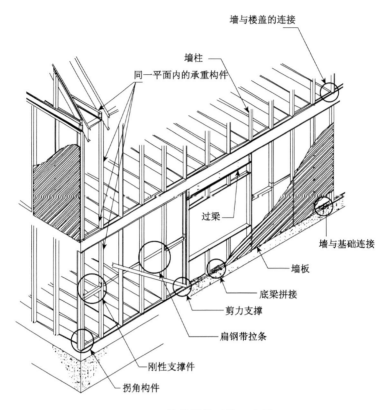

图 3-17 墙体结构系统示意图

此外,冷弯薄壁型钢房屋结构的抗震墙体,在上、下墙体间应设置抗拔连接件,与基础间应设置地脚螺栓和抗拔连接件,如图 3-18 所示。抗拔连接件,如抗拔锚栓、抗拔钢带等,是连接抗震墙体与基础以及上下抗震墙体并传递水平荷载的重要部件,因此,抗震墙体的抗拔连接件设置必须要保证房屋结构整体传递水平荷载的可靠性。对仅承受竖向荷载的承重墙单元,也可不设抗拔件。足尺墙体拟静力试验和振动台试验表明,抗拔连接件对保证结构整体抗倾覆能力具有重要作用,设计及安装必须对此予以充分重视。

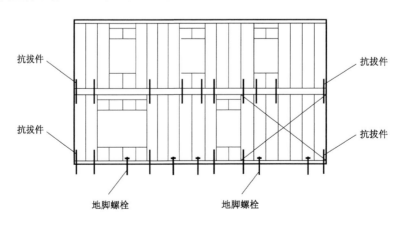

图 3-18 抗震墙体连接件布置

参考美国 AISI S211—07 设计规范,同时依据中国《冷弯薄壁型钢结构技术规范》(GB 50018—2002),承重墙立柱按轴心受压构件进行强度和稳定性计算,强度计算时不考虑墙体结构面板的作用;稳定性计算时将结构面板等效为龙骨立柱 x 向侧向约束,约束间距为 $2c$(c 为螺钉间距)。承重墙立柱一般采用 C 形冷弯薄壁型钢构件,此时构件截面(图 3-19)特性,如横截面面积 A、形心 z_0、剪心 e_0、x 轴惯性矩 I_x、y 轴惯性矩 I_y、扭转惯性矩 I_t、扇性惯性矩 I_w 等,可依据下式计算:

$$A = (h + 2b + 2a)t$$

$$z_0 = \frac{b(b + 2a)}{h + 2b + 2a}$$

$$I_x = \frac{1}{12}h^3 t + \frac{1}{2}bh^2 t + \frac{1}{6}a^3 t + \frac{1}{2}a(h-a)^2 t$$

$$I_y = hz_0^2 t + \frac{1}{6}b^3 t + 2b\left(\frac{b}{2} - z_0\right)^2 t + 2a(b - z_0)^2 t$$

$$I_t = \frac{1}{3}(h + 2b + 2a)t^3$$

$$I_w = \frac{d^2 h^3 t}{12} + \frac{h^2}{6}\left[d^3 + (b-d)^3\right]t +$$

$$\frac{a}{6}\left[3h^2(d-b)^2 - 6ha(d^2 - b^2) + 4a^2(d+b)^2\right]t$$

$$d = \frac{b}{I_x}\left(\frac{1}{4}bh^2 + \frac{1}{2}ah^2 - \frac{2}{3}a^3\right)t$$

$$e_0 = d + z_0$$

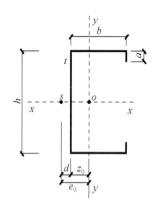

图 3-19　C 形截面特性

图 3-20 为承重墙立柱横截面示意图,墙体立柱的设计计算如下所述:

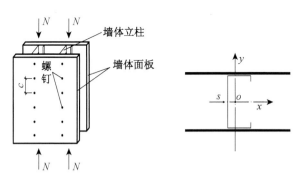

图 3-20　承重墙体示意图

(1) 轴心受压构件的强度计算依照《冷弯薄壁型钢结构技术规范》(GB 50018—2002)5.2 节计算。

(2) 轴心受压构件的稳定性计算依照《冷弯薄壁型钢结构技术规范》(GB 50018—2002)5.2 节计算。

此外,冷弯薄壁型钢构件还应考虑畸变屈曲的影响,可按规范《低层冷弯薄壁型钢房屋建筑技术规程》(JGJ 227—2011)6.1.3 条计算。

承重墙立柱的稳定性设计应分别按以下几步进行计算:

(1) 两倍螺钉间距的墙体立柱绕 y 轴弯曲屈曲稳定性计算

稳定性计算公式按照《冷弯薄壁型钢结构技术规范》(GB 50018—2002)5.2.2 条计

算,但整体稳定系数 φ 将根据构件对截面 y 轴长细比 λ_y,通过查阅《冷弯薄壁型钢结构技术规范》(GB 50018—2002)表 A.1.1-1 或表 A.1.1-2 得到。构件对截面 y 轴长细比 λ_y 应按《冷弯薄壁型钢结构技术规范》(GB 50018—2002)5.2.3 条计算,其中,l_{oy} 取两倍螺钉间距即 $2c$。

(2)立柱弯扭屈曲稳定性计算

立柱弯扭屈曲包括绕 x 轴弯曲屈曲(计算长度取立柱全长 l)和两倍螺钉间扭转屈曲(计算长度取两倍螺钉间距 $2c$)。此时,稳定性计算公式按照《冷弯薄壁型钢结构技术规范》(GB 50018—2002)5.2.2 条计算,但整体稳定系数 φ 将根据构件弯扭屈曲的换算长细比 λ_w,通过查阅《冷弯薄壁型钢结构技术规范》(GB 50018—2002)表 A.1.1-1 或表 A.1.1-2 得到。构件弯扭屈曲的换算长细比 λ_w 应按《冷弯薄壁型钢结构技术规范》(GB 50018—2002)5.2.3 条和 5.2.4 条计算。扭转屈曲的计算长度 l_w 取两倍螺钉间距即 $2c$。

(3)立柱畸变屈曲验算

按规范《低层冷弯薄壁型钢房屋建筑技术规程》(JGJ 227—2011)6.1.3 条进行龙骨立柱畸变屈曲验算,其中,A_{cd} 与畸变屈曲长细比 λ_{cd} 有关。

(4)板材—螺钉连接件强度验算

除了需要计算墙体立柱强度及稳定性外,美国 AISI S211—07 设计规范还要求墙体设计时进行墙体板材—螺钉连接件的强度验算,此时,应按式(3-1)计算:

$$N \cdot 0.02 \leqslant P_{max} \tag{3-1}$$

式中:N——单根墙体立柱竖向荷载设计值,取其 2% 作为连接件荷载设计值;

P_{max}——板材—螺钉连接件抗剪强度。

冷弯薄壁型钢承重墙体满足以上四步公式要求,则可认为该墙体满足强度及稳定性条件。

此外,冷弯薄壁型钢抗震墙体的端部、门窗洞口边等位置与抗拔锚栓连接的拼合立柱仍应按本节规定以轴心受力构件设计计算,但轴心力为倾覆力矩产生的轴向力 N_s 与原有轴力的叠加。其中各层由倾覆力矩产生的轴向力 N_s 可按《低层冷弯薄壁型钢房屋建筑技术规程》(JGJ 227—2011)8.2.3 条计算。

3. 楼盖系统设计

低层冷弯薄壁型钢房屋楼盖系统由冷弯薄壁槽形构件、卷边槽形构件、楼面结构板和支撑、拉条、加劲件所组成,构件与构件之间宜用螺钉可靠连接。当房屋设计有地下室或半地下室,或者底层架空设置时,相应的一层地面承力系统也称为楼盖系。楼盖系统基本构造如图 3-21 所示。

楼面梁是冷弯薄壁型钢房屋楼盖系统的主要受力构件,因对其强度、刚度和稳定性进行计算。简化计算时,楼面梁(包括连续梁、边梁和悬挑梁)应按受弯构件验算其强度、整体稳定性以及支座处腹板的局部稳定性。计算楼面梁的强度和刚度时,可不考虑楼面板为楼面梁提供的有利作用。

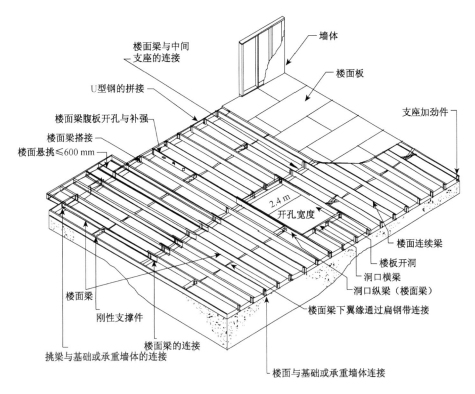

图 3-21　冷弯薄壁型钢房屋楼盖系统

此外,为了保证楼面梁的整体稳定性和楼盖系统的整体性,防止楼面梁整体或局部倾斜,楼面连续梁应在中间支座处设置刚性撑杆,悬挑梁应在支承处设置刚性撑杆。同时,当楼面梁跨度较大时,还应在跨中布置刚性撑杆和下翼缘连续钢带支撑,阻止梁整体扭转失稳。当楼面梁的上翼缘与结构面板通过螺钉可靠连接、且楼面梁间的刚性支撑和钢带支撑的布置满足本书楼盖连接构造要求时,梁的整体稳定可不验算。当楼面梁支撑处布置腹板承压加劲件时,楼面梁腹板的局部稳定性可不验算。

楼面梁腹板有开孔的,应符合本书梁、柱腹板开孔构造要求。楼面板开洞不宜超过本书规定的最大宽度,并符合本书楼板开洞要求。

(1) 受弯构件强度和整体稳定性计算可按照《冷弯薄壁型钢结构技术规范》(GB 50018—2002)5.2 节计算。

(2) 受弯构件支座处腹板的局部承压和局部稳定计算

a. 当支座处有承压加劲件时,腹板应按轴心受压构件的整体稳定性计算,见《低层冷弯薄壁型钢房屋建筑技术规程》(JGJ 227—2011)5.2.2. 条和 5.3.4 条。

b. 当支座处无加劲件时,腹板应按《低层冷弯薄壁型钢房屋建筑技术规程》(JGJ 227—2011)7.1.7 条验算其局部受压承载力。

c. 受弯构件考虑畸变屈曲计算

楼面梁通常为冷弯薄壁槽形构件或卷边槽形构件。对于这种开口 C 形截面,当楼面梁承受由结构面板传递来的垂直荷载时,除进行强度和整体稳定计算外,尚应考虑畸变屈曲影响,具体计算依照规范《低层冷弯薄壁型钢房屋建筑技术规程》(JGJ 227—2011)6.1.6条计算。当构件截面采取了其他有效抑制畸变屈曲发生的措施时,畸变屈曲稳定性计算可按照《低层冷弯薄壁型钢房屋建筑技术规程》(JGJ 227—2011)6.1.4条计算。

d. 受弯构件刚度验算

楼面梁按受弯构件计算,除满足强度及稳定性要求外,还应进行挠度验算,按公式(3-2)计算:

$$\nu \leqslant [\nu] \tag{3-2}$$

式中:ν——在荷载标准值作用下的最大挠度;

$\quad\quad [\nu]$——楼面梁的容许挠度值,按受弯构件的挠度限值取,见《低层冷弯薄壁型钢房屋建筑技术规程》(JGJ 227—2011)表4.4.2。

4. 屋盖系统设计

低层冷弯薄壁型钢房屋屋盖系统由屋架、檩条、支撑和上铺的屋面板组成,其基本构造如图3-22所示。目前,屋面承重结构主要分为桁架,如图3-23(a)所示,以及斜梁,如图3-23(b)所示,两种形式,桁架体系以承受轴力为主,斜梁以承受弯矩为主。

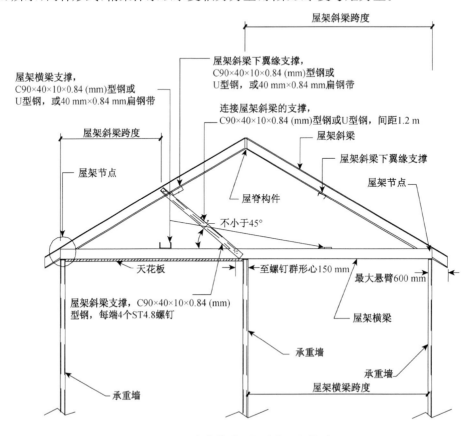

图3-22 冷弯薄壁型钢结构屋架构造

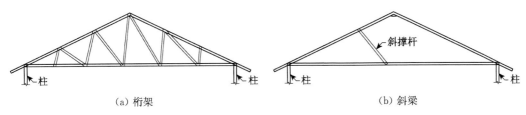

（a）桁架　　　　　　　　　　　　　（b）斜梁

图 3-23　屋面承重结构

（1）屋架

① 一般规定

低层冷弯薄壁型钢房屋多为有檩屋盖体系,常采用三角形屋架和三铰拱屋架。

屋架上弦应铺设结构板或设置屋面钢带拉条支撑。当屋架采用钢带拉条支撑时,支撑与所有屋架的交点处应用螺钉连接。屋架下弦宜铺设结构板或设置纵向支撑杆件。屋架腹板处宜设置纵向侧向支撑和交叉支撑,可以有效减少腹杆在平面外的计算长度,有利于保持屋架的整体稳定。

设计屋架时,应考虑由于风吸力作用引起构件内力变化的不利影响,此时永久荷载的荷载分项系数应取 1.0。

实际工程中屋架弦杆为一根连续的构件,而腹杆通过螺钉与弦杆相连。计算屋架各杆件内力时,可假定屋架弦杆为连续杆,腹杆与弦杆的节点为铰接。屋架的力学简化模型如图 3-24 所示,与实际屋架的构造完全相符。

屋架弦杆按压弯构件的相关规定进行承载力和整体稳定计算;腹杆按轴心受力构件的相关规定进行计算。

当屋架腹杆采用与弦杆背靠背连接时(图 3-25),腹杆设计应考虑面外偏心距的影响,按绕弱轴弯曲的压弯构件计算,偏心距应取腹杆截面腹板外表面到形心的距离。

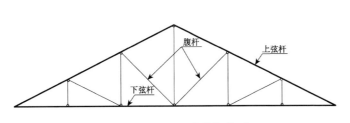

图 3-24　屋架力学简化模型

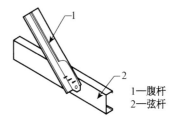

1—腹杆
2—弦杆

图 3-25　腹杆与弦杆连接节点

② 屋架杆件的计算长度规定

a. 在屋架平面内,各杆件的计算长度可取杆件节点间的几何长度;

b. 在屋架平面外,各杆件的计算长度可按下列规定采用:

（a）当屋架上弦铺设结构面板时,上弦杆计算长度可取弦杆螺钉连接间距的 2 倍;当采用檩条约束时,上弦杆计算长度可取檩条间的几何长度;

（b）当屋架腹杆无侧向支撑时,计算长度可取节点间几何长度;当设有侧向支撑时,计算长度可取节点与屋架腹杆侧向支撑点间的几何长度;

(c) 当屋架下弦铺设结构面板时,下弦杆计算长度可取弦杆螺钉连接间距的 2 倍;当采用纵向支撑杆件时,下弦杆计算长度可取侧向不动点间的几何长度。

③ 构件设计

a. 轴心受拉构件的强度应按《冷弯薄壁型钢结构技术规范》(GB 50018—2002)5.1 节计算。

b. 轴心受压构件的强度应按《冷弯薄壁型钢结构技术规范》(GB 50018—2002)5.2.3 条和 5.2.4 条计算。

c. 拉弯构件的强度应按《冷弯薄壁型钢结构技术规范》(GB 50018—2002)5.4 节计算。

若拉弯构件截面内出现受压区,且受压板件的宽厚比大于表 3-2 规定的有效宽厚比时,则在计算其净截面特性时应扣除受压板件的超出部分。加劲板件、部分加劲板件和非加劲板件的有效宽厚比应根据本书第 3.3.2 节第一部分计算确定。

d. 压弯构件的强度按照《冷弯薄壁型钢结构技术规范》(GB 50018—2002)5.5 节计算。

e. 压弯构件的稳定性按照《冷弯薄壁型钢结构技术规范》(GB 50018—2002)5.5 节计算。

f. 考虑畸变屈曲的构件设计

轴心受压构件、压(拉)弯构件除按以上公式进行计算外,开口截面还应考虑畸变屈曲的影响,可按下列公式进行计算:

(a) 轴心受压构件

$$N \leqslant A_{cd}f \tag{3-3}$$

按式(3-3)进行轴心受压构件畸变屈曲验算,其中,畸变屈曲时有效截面面积 A_{cd} 与畸变屈曲长细比 λ_{cd} 有关,可按规范《低层冷弯薄壁型钢房屋建筑技术规程》(JGJ 227—2011)6.1.3 条计算。

(b) 压(拉)弯构件可以按照《低层冷弯薄壁型钢房屋建筑技术规程》(JGJ 227—2011)6.1.5 条计算。

(2) 檩条

檩条宜优先采用实腹式构件。实腹式檩条宜采用卷边槽形和斜卷边 Z 形冷弯薄壁型钢,也可采用直卷边的 Z 形冷弯薄壁型钢。

当檩条跨度大于 4 m 时,宜在檩条间跨中位置设置拉条或撑杆。当檩条跨度大于 6 m 时,应在檩条跨度三分点处各设一道拉条或撑杆。

屋架弦杆上的檩条可按简支或多跨连续构件设计,若有拉条,可视为檩条的侧向支承点。

实腹式檩条(图 3-26)的计算,应符合下列规定:当屋面能阻止檩条侧向位移和扭转时,可仅计算檩条在风荷载效应参与组合时的强度,而整体稳定性可不做计算。当屋面不能阻止檩条侧向位移和扭转时,除验算其强度外,尚应计算檩条的稳定性,具体计算过程参照《冷弯薄壁型钢结构技术规范》(GB 50018—2002)8.1 节。

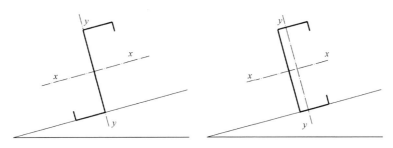

图 3-26　实腹式檩条示意图

3.4　轻钢房屋构造要点

3.4.1　墙体构造

1. 承重墙

低层冷弯薄壁型钢结构住宅的承重墙体可参照图 3-17 和图 3-27 建造。墙体及其构件的强度、刚度、稳定性均应满足本书第 3 章 3.3 节设计要求。

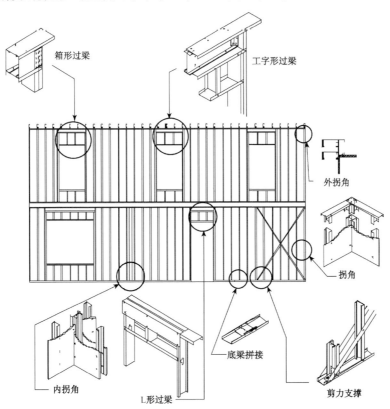

图 3-27　承重墙

（1）墙体立柱和墙体面板的构造应符合下列规定：

① 墙体立柱宜按照模数上下对应设置。

② 墙体立柱可采用卷边冷弯槽钢构件或由冷弯槽钢构件组成的拼合构件（图 3-28）；立柱与顶、底导梁应采用螺钉连接。

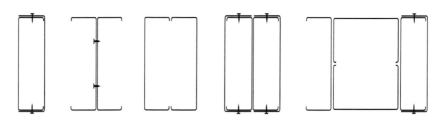

图 3-28 拼合立柱截面

③ 承重墙 C 形截面立柱最小厚度 1 mm，翼缘最小尺寸 40 mm，腹板高度最低89 mm，卷边最小尺寸 9.5 mm。

④ 墙体龙骨骨架中立柱间距一般为 400 mm 或 600 mm，且不应超过 600 mm。

⑤ 承重墙体的端部、门窗洞口的边部应采用拼合立柱（图 3-28），拼合立柱间采用双排螺钉固定，螺钉间距不应大于 300 mm。

⑥ 外承重墙的外侧墙板可采用定向刨花板、水泥压力板、胶合板或者蒸压加气混凝土板等材料；外承重墙的内侧墙板以及内承重墙的两侧墙板可采用石膏板、玻镁板等材料。当有可靠依据时，也可采用其他材料。

⑦ 墙板的长度方向宜与立柱平行，墙板的周边和中间部分都应与立柱或顶梁、底梁进行螺钉连接，如图 3-29 所示，其连接的螺钉规格、形式及数量应满足表 3-7 的要求。

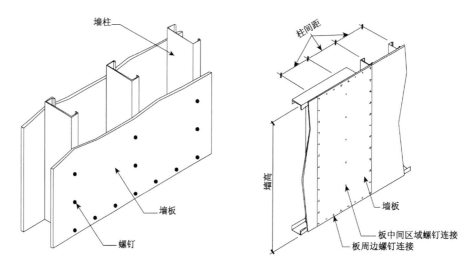

图 3-29 墙板与立柱螺钉连接

表 3-7 承重墙的连接要求

连接情况	螺钉的规格、数量和间距
柱与顶(底)梁	柱子两端的每侧翼缘各一个 ST4.2 螺钉

连接情况	螺钉的规格、数量和间距
定向板、胶合板或水泥木屑板与柱	ST4.2 螺钉,沿板周边间距为 150 mm(螺钉到板边缘的距离不小于 12 mm),板中间间距为 300 mm
12 mm 厚石膏板与柱	ST3.5 螺钉,间距为 300 mm

⑧ 墙体面板进行上下拼接时宜错缝拼接,在拼接缝处应设置厚度不小于 0.8 mm 且宽度不小于 50 mm 的连接钢带进行连接,如图 3-30 所示。

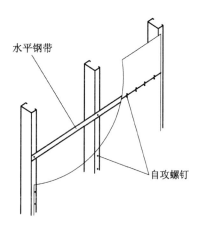

图 3-30　墙体面板水平接缝图

⑨ 墙体结构的拐角可采用图 3-31 所示构造,同一平面内的墙体连接处采用拼合立柱。

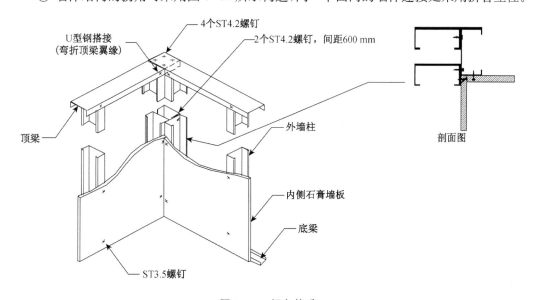

图 3-31　拐角构造

(2) 承重墙体顶、底梁的构造应符合下列规定:

① 墙体顶、底梁宜采用冷弯槽钢构件,顶、底梁壁厚不宜小于所连接墙体立柱的壁厚,且顶、底梁翼缘尺寸不小于 32 mm;

② 顶、底梁的拼接应符合图 3-32 的要求；

③ 承重墙体的顶梁可按支承在墙体两立柱之间的简支梁计算，并应根据由楼面梁或屋架传下的跨间集中反力与考虑施工时 1.0 kN 集中施工荷载产生的较大弯矩设计值，按本书第 3.3.2 节第二部分规定验算强度、刚度和稳定性。

（3）承重墙与基础或楼盖的连接构造，应符合下列规定：

① 按照表 3-8 要求将承重墙与基础或楼盖进行连接，其中地脚锚栓埋入混凝土基础（图 3-33）中不小于 $20d$（d 为锚栓直径），且锚栓底部应带直弯钩；

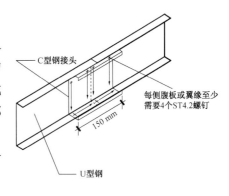

图 3-32　U 型钢顶梁、底梁或边梁的拼接图

表 3-8　墙与基础或楼层的连接要求

连接情况	基本风压 w_0（标准值），地面粗糙度，设防烈度			
	<0.45 kN/m²，C 类，设防烈度 8 度及以下	<0.45 kN/m²，B 类，或 0.65 kN/m²，C 类	<0.55 kN/m²，B 类	<0.65 kN/m²，B 类
墙底梁与楼面梁或边梁的连接	每隔 300 mm 安装 1 个 ST4.2 螺钉	每隔 300 mm 安装 1 个 ST4.2 螺钉	每隔 300 mm 安装 2 个 ST4.2 螺钉	每隔 300 mm 安装 2 个 ST4.2 螺钉
墙底梁与基础的连接，见图 3-33	每隔 1.8 m 安装 1 个 13 mm 的锚栓	每隔 1.2 m 安装 1 个 13 mm 的锚栓	每隔 1.2 m 安装 1 个 13 mm 的锚栓	每隔 1.2 m 安装 1 个 13 mm 的锚栓
墙底梁与木地梁的连接，见图 3-34	连接钢板间距 1.2 m，用 4 个 ST4.2 螺钉和 4 个 3.8 mm×75 mm 普通钉子	连接钢板间距 0.9 m，用 4 个 ST4.2 螺钉和 4 个 3.8 mm×75 mm 普通钉子	连接钢板间距 0.6 m，用 4 个 ST4.2 螺钉和 4 个 3.8 mm×75 mm 普通钉子	连接钢板间距 0.6 m，用 4 个 ST4.2 螺钉和 4 个 3.8 mm×75 mm 普通钉子
柱间距 400 mm 时锚栓抗拔力要求	无	无	无	沿墙 0.95 kN/m
柱间距 600 mm 时锚栓抗拔力要求	无	无	无	沿墙 1.45 kN/m

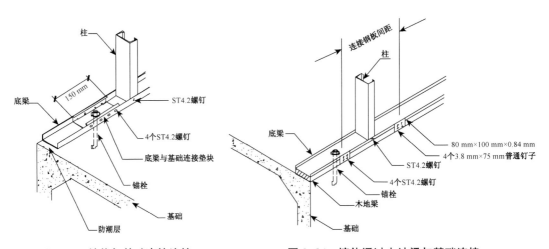

图 3-33　墙体与基础直接连接　　　　**图 3-34　墙体通过木地梁与基础连接**

② 除表 3-8 构造要求外,承重墙在墙体拐角处还应设置锚栓(图 3-34),锚栓距墙角或墙端部的最大距离不应大于 300 mm;

③ 承重墙底梁和基础之间宜通长设置厚度不应小于 1 mm 的防腐防潮垫(图 3-33),其宽度不应小于底梁的宽度。

(4) 承重墙体开洞的构造应符合下列规定:

① 所有承重墙体门窗洞口上方和两侧应分别设置过梁和洞口边立柱。洞口边立柱宜从墙体底部直通至墙体顶部或过梁下部,并与墙体底导梁和顶导梁相连接;

② 过梁可采用箱形、工形或 L 形截面(图 3-35),其截面尺寸应符合设计要求。

(5) 承重墙水平侧向支撑的设置和构造应符合规范《低层冷弯薄壁型钢房屋建筑技术规程》(JGJ 227—2011)8.3.4 条。

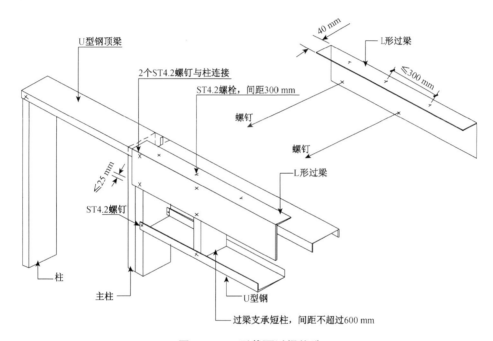

图 3-35 L 形截面过梁构造

2. 非承重墙构造要求

(1) 非承重墙的冷弯槽钢构件壁厚不宜小于 0.60 mm;

(2) 非承重墙的立柱高度不应超过表 3-9 的规定;

表 3-9 非承重墙的立柱高度(m)

柱型号	1/2 高度处设置扁钢带拉条		沿墙高采用双面石膏板	
	柱间距		柱间距	
	400 mm	600 mm	400 mm	600 mm
C90×35×12×0.60	3.3	2.4	3.6	2.4
C90×35×10×0.69	3.9	3.3	4.5	3.9
C90×35×10×0.84	4.2	3.6	4.9	4.2

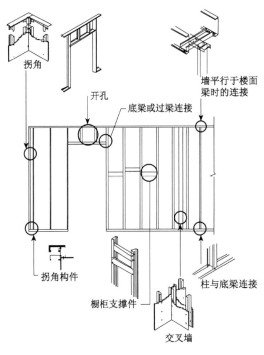

图 3-36　非承重墙构造

（2）抗震墙与基础连接的构造应符合规范《低层冷弯薄壁型钢房屋建筑技术规程》（JGJ 227—2011）8.3.5 条。

3.4.2　楼盖系统构造

在低层住宅冷弯薄壁型钢结构体系中，楼盖系统由楼面梁、楼面结

（3）非承重墙及其门窗洞口、墙拐角、内外墙交接可参照图 3-36 建造。

3．抗震墙构造要求

（1）在建筑平面两个主方向的外墙或内墙上应设置抗震墙，抗震墙支撑的设置和构造应符合以下规定：

① 抗震墙的水平支撑设置与承重墙相同。

② 对两侧面无墙体面板与立柱相连的抗震墙，还应设置交叉支撑。交叉支撑可采用钢带拉条，钢带拉条宽度不宜小于 40 mm，厚度不宜小于 0.8 mm，宜在墙体两侧设置（图 3-37），且应从基础到顶层布置在同一平面内。

③ 在地震基本加速度为 0.30g 及以上或基本风压为 0.70 kN/m² 及以上的地区，无论有无墙体面板，抗震墙均应设置交叉支撑和水平支撑。

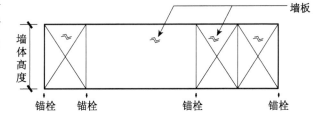

图 3-37　抗震墙交叉支撑设计位置示意图

构板、支撑、拉条、连接件等构件组成（图 3-21）。楼盖主要受力构件除应按本书进行有关强度和稳定性验算外，还应满足本节构造要求以保证楼盖构件之间可靠连接和整体工作。

1．一般构造要求

（1）水平构件开口及开口补强

因为铺设管道的需要，一般在冷弯薄壁型钢构件的腹板上每隔一定的距离冲（或割）出圆形或椭圆形洞口（图 3-38），洞口的设置应满足以下尺寸要求：

① 水平构件洞口的中心距不应小于 600 mm；

② 水平构件洞口的高度或直径不应大于腹板高度的 1/2 或 65 mm 的较小值；

③ 椭圆形洞口的长度不宜大于 110 mm；

④ 洞口边至最近端部支承构件边缘的净距不应小于 300 mm；

⑤ 洞口处宜设置套管或垫圈,避免管线直接与构件接触。

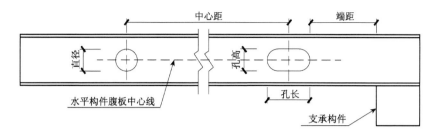

图 3-38 水平构件开洞示意图

当孔的尺寸不满足上述要求时,应按图 3-39 的要求用钢板或 U 型、C 型钢补强,其厚度不小于构件的厚度,每边超出孔的边缘不应小于 25 mm,ST4.2 连接螺钉的间距不应大于 25 mm,螺钉到板边缘的距离不应小于 12 mm。

（2）水平构件拼接要求

用于顶梁、底梁、边梁的 U 形截面构件需要拼接接长时,可采用如图 3-40 所示的拼接形式。拼接长度不应小于 150 mm,腹板之间

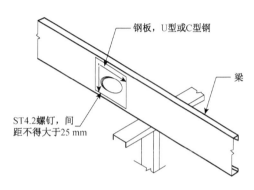

图 3-39 水平构件腹板开孔的补强构造

的连接至少每边用 4 个 ST4.2 的自攻螺钉,每侧翼缘至少用 4 个 ST4.2 的自攻螺钉。C 形截面拼接构件的厚度不小于所连接的构件厚度。顶梁、底梁在墙架柱之间有集中荷载作用的区间不应拼接接长。

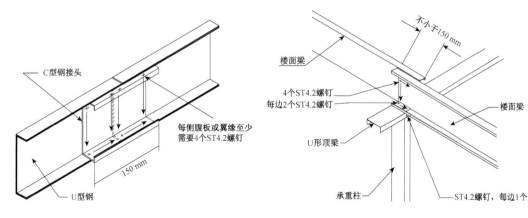

图 3-40 梁拼接接长构造图　　　　图 3-41 梁搭接接长构造图

（3）水平构件搭接要求

楼面简支梁在内承重墙顶部采用搭接接长时,可采用图 3-41 所示的搭接形式。搭接长度不应小于 150 mm,每根梁应至少用 2 个 ST4.2 的自攻螺钉与顶导梁连接,梁与梁之

间应至少用 4 个 ST4.2 的自攻螺钉连接。

（4）楼板开洞要求按照《低层冷弯薄壁型钢房屋建筑技术规程》（JGJ 227—2011）7.2.11 条计算。

2. 连接要求

边梁与基础连接、楼面梁与承重外墙连接、悬臂梁与基础连接、悬臂梁与承重外墙连接、楼面与基础连接以及结构面板与楼面梁的连接等可按照规范《低层冷弯薄壁型钢房屋建筑技术规程》（JGJ 227—2011）7.2 节设计。

3. 其他构造措施

刚性撑杆和钢带支撑以及加劲件可分别按照《低层冷弯薄壁型钢房屋建筑技术规程》（JGJ 227—2011）7.2 节及 4.5 节设置。

具体设计时，在安全可靠的前提下，楼盖系统构造也可以采用其他的连接形式和构造方法，并按相关的现行国家标准设计。

3.4.3 屋盖系统构造

低层冷弯薄壁型钢房屋屋盖系统可参照图 3-22 和图 3-23 建造，屋面承重结构可采用桁架（图 3-23(a)）或斜梁形式（图 3-23(b)），屋盖系统及其构件的强度、刚度和稳定性均应满足设计要求。本节主要介绍桁架构造，横梁形式屋架的构造与桁架构造相同。

1. 支撑要求

（1）屋架下弦杆

屋架下弦杆上翼缘的水平支撑宜采用厚度不小于 0.84 mm 的 U 形或 C 形截面，或 40 mm×0.84 mm 的扁钢带。下弦杆下翼缘可采用石膏天花板或通长设置扁钢带以起水平支撑作用，石膏板的固定宜采用 ST3.5 的螺钉；当采用 40 mm×0.84 mm 的扁钢带时，扁钢带的间距不应大于 1.2 m。扁钢带水平支撑与下弦杆上（或下）翼缘可采用 1 个 ST4.2 螺钉连接。沿扁钢带设置方向，应在扁钢端头和每隔 3.5 m 设置刚性支撑件或 X 形支撑，扁钢带与刚性支撑件可采用 2 个 ST4.2 螺钉连接（图 3-42、图 3-43）。

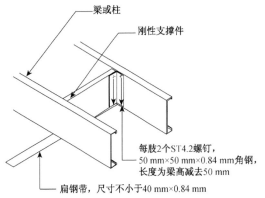

图 3-42　梁下翼缘钢带支撑和刚性撑杆

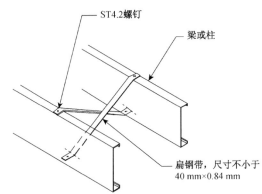

图 3-43　交叉钢带支撑

（2）屋架上弦杆

屋架上弦杆应铺设结构板或在下翼缘设置水平支撑，支撑间距不应大于 2.4 m，应按本节第（1）条的要求设置刚性支撑件或 X 形支撑。

（3）腹杆

在屋架腹杆处宜设纵向侧向支撑和交叉支撑，以减少腹杆在桁架平面外的计算长度。交叉支撑能够保证腹杆体系的整体性，有利于保持屋架的整体稳定。

2. 屋架节点构造

屋架节点连接可参照图 3-44～图 3-49，其构造要求应符合《低层冷弯薄壁型钢房屋建筑技术规程》（JGJ 227—2011）9.3 节的规定。屋架下弦杆与承重墙的顶梁、屋面板与上弦杆、端屋架与山墙顶梁、屋架上弦杆与下弦杆或屋脊构件的连接要求见表 3-10。

表 3-10　系统的连接要求

连接情况	紧固件的数量、规格和间距
屋架下弦杆与承重墙的顶梁	2 个 ST4.8 螺钉，沿顶梁宽度布置
屋面板与屋架上弦杆	ST4.2 螺钉，边缘间距为 150 mm，中间部分间距为 300 mm。在端桁架上，间距为 150 mm
端屋架与山墙顶梁	ST4.8 螺钉，中心距为 300 mm
屋架上弦杆与下弦杆或屋脊构件	ST4.8 螺钉，均匀排列，到边缘的距离不小于 12 mm，数量符合设计要求

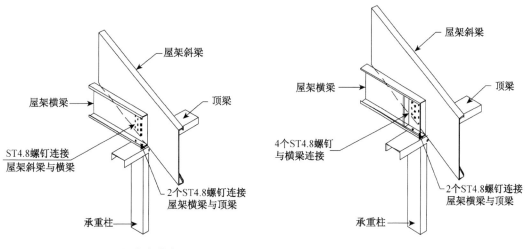

图 3-44　屋架支座节点图　　　　图 3-45　屋架支座节点加劲件

屋架下弦杆的支承长度不应小于 40 mm，在支座位置及集中荷载作用处宜设置加劲件（图 3-45）。当上弦杆和下弦杆采用开口同向连接方式连接时，宜在下弦腹板设置垂直加劲件（图 3-46(a)）或水平加劲件（图 3-46(b)）。除屋架下弦杆外，屋架上弦杆和其他构件不宜采用拼接。屋架下弦杆只允许在跨中支承点处拼接（图 3-47）。

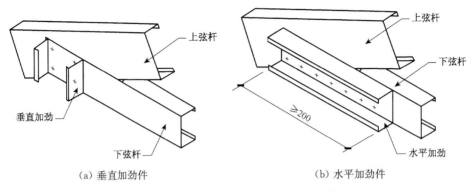

（a）垂直加劲件 （b）水平加劲件

图 3-46 上弦杆与下弦杆开口同向连接

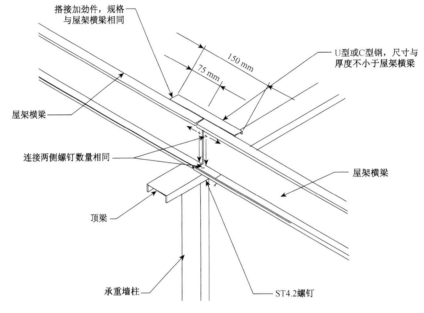

图 3-47 屋架下弦杆拼接

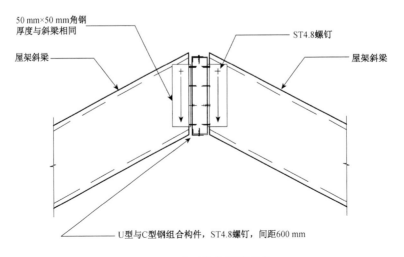

图 3-48 上弦杆与屋脊连接

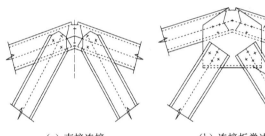

（a）直接连接

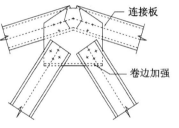

（b）连接板卷边加强

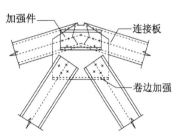

（c）连接板设置加强件

图 3-49　屋架屋脊节点

屋脊构件采用 U 型或 C 型钢的组合截面，其截面尺寸和钢材厚度与屋架上弦杆相同，上、下翼缘采用 ST4.8 螺钉连接，螺钉间距 600 mm。屋架上弦杆与屋脊构件的连接可参照图 3-48。屋架的腹板与弦杆在屋脊处的连接可参照图 3-49。

3. 屋面或天花板开洞要求

屋面（或天花板）的洞口采用组合截面纵梁和横梁作为外框（图 3-50 和图 3-51），组合

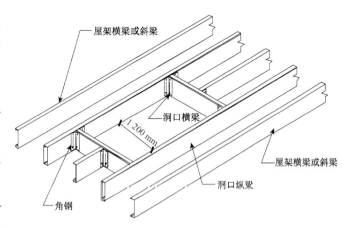

图 3-50　屋面（或天花板）开洞图

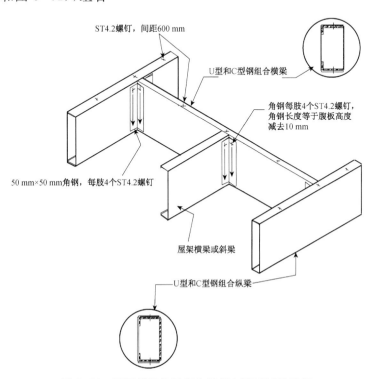

图 3-51　洞口横梁与屋架上弦杆（或下弦杆）连接

截面的 C 型和 U 型钢截面尺寸与屋架上弦杆(下弦杆)相同,洞口横梁跨度不应大于 1.2 m。洞口横梁与纵梁的连接采用 4 个 50 mm×50 mm 角钢,角钢的厚度不应小于屋架上弦杆或下弦杆的厚度,角钢连接每肢采用 4 个均匀排列的 ST4.2 螺钉。

参考文献

[1] 叶继红,冯若强,陈伟. 村镇轻钢结构建筑抗震技术手册[M]. 南京:东南大学出版社,2013

[2] GB/T 2518—2008　连续热镀锌钢板及钢带[S]. 北京:中国标准出版社,2008

[3] 朱宁海,工东,赵瑜. 轻型钢结构建筑构造设计[M]. 南京:东南大学出版社,2003

[4] 于炜文. 冷成型钢结构设计[M]. 董军,夏冰青,译. 北京:中国水利水电出版社,2003

[5] 周绪红,石宇,周天华,等. 低层冷弯薄壁型钢结构住宅体系[J]. 建筑科学与工程学报,2005,22(2):1-14

[6] Yu W W, Senne J H. Recent Research and Development in Cold-Formed Steel Structures [M]. University of Missouri-Rolla, 1984

[7] 何保康,周天华. 多层薄板轻钢房屋体系可行性报告(结构部分)[J]. 住宅产业,2007(8):39-45

[8] 梁小青,杨家骥,刘贵平,等. 多层轻钢住宅课题研究主报告——冷成型钢结构技术发展概况[J]. 住宅产业,2007(8):25-26

[9] 南晶晶,凌利改,田国平. 冷弯型钢在国内外的发展及其在建筑结构中的应用[J]. 水利与建筑工程学报,2009,7(2):117-119

[10] 刘雁,Dean Peyton, Bret Brasher,等. 北美地区冷成型轻钢结构的应用[J]. 钢结构,2009,24(3):1-5

[11] GB 50018—2002　冷弯薄壁型钢结构技术规范[S]. 北京:中国建筑工业出版社,2002

[12] JGJ 227—2011　低层冷弯薄壁型钢房屋建筑技术规程[S]. 北京:中国建筑工业出版社,2011

[13] JGJ 209—2010　轻型钢结构住宅技术规程[S]. 北京:中国建筑工业出版社,2002

[14] GB/T 700—2006　碳素结构钢[S]. 北京:中国标准出版社,2006

[15] GB/T 1591—2008　低合金高强度结构钢[S]. 北京:中国标准出版社,2008

[16] GB/T 2518—2008　连续热镀锌钢板及钢带[S]. 北京:中国标准出版社,2008

[17] GB/T 14978—2008　连续热镀铝锌合金镀层钢板及钢带[S]. 北京:中国标准出版社,2008

[18] GB/T 228—2010　金属材料拉伸试验第 1 部分:室温试验方法[S]. 北京:中国标准出版社,2011

[19] GB/T 9775—2008　纸面石膏板[S]. 北京:中国标准出版社,2008

[20] JC/T 564.1~JC/T 564.2　纤维增强硅酸钙板[S]. 北京:中国建材工业出版社,2008

[21] CNS 14164—2008　氧化镁板[S]. 中国台湾:标准检验局,2008

[22] LY/T 1580—2010　定向刨花板[S]. 北京:中国标准出版社,2010

[23] GB 15762—2008　蒸压加气混凝土板[S]. 北京:中国标准出版社,2008

[24] GB 18580—2001　室内装饰装修材料人造板及其制品中甲醛释放限量[S]. 北京:中国标准出版社,2004

[25] GB/T 15856.1~GB/T 15856.5　自攻自钻螺钉[S]. 北京:中国标准出版社,2002

[26] GB/T 67—2008　开槽盘头螺钉[S]. 北京:中国标准出版社,2009

[27] GB/T 68—2016　开槽沉头螺钉[S]. 北京:中国标准出版社,2017

［28］GB/T 69—2016 开槽半沉头螺钉［S］. 北京:中国标准出版社,2016

［29］GB/T 5285—1985 六角头自攻螺钉［S］. 北京:中国标准出版社,1985

［30］GB/T 3098.1—2010 紧固件机械性能螺栓、螺钉和螺柱［S］. 北京:中国标准出版社,2010

［31］YB/T 4155—2006 标准件用碳素钢热轧圆钢及盘条［S］. 北京:中国标准出版社,2007

［32］GB/T 12615～GB/T 12618 抽芯铆钉［S］. 北京:中国标准出版社,2004

［33］GB/T 18981—2008 射钉［S］. 北京:中国标准出版社,2008

［34］GB/T 5117—2012 碳钢焊条［S］. 北京:中国标准出版社,2012

［35］GB/T 5118—2012 低合金钢焊条［S］. 北京:中国标准出版社,2012

［36］GB/T 14957—1994 熔化焊用钢丝［S］. 北京:中国标准出版社,1994

［37］GB 50002—2013 建筑模数协调统一标准［S］. 北京:中国标准出版社,2014

［38］GB 50368—2005 住宅建筑规范［S］. 北京:中国建筑工业出版社,2006

［39］GB 50096—2011 住宅设计规范［S］. 北京:中国建筑工业出版社,2012

［40］GB 50011—2010 建筑抗震设计规范［S］. 北京:中国建筑工业出版社,2011

［41］GB 50327—2001 住宅装饰装修工程施工规范［S］. 北京:中国建筑工业出版社,2002

［42］GB 50009—2012 建筑结构荷载规范［S］. 北京:中国建筑工业出版社,2012

［43］North American specification for the design of cold-formed steel structural members(AISI S100-2007). Washington:American Iron and Steel Institute,2007

［44］Cold-formed steel structures(AS/NZS 4600-2005)［S］. Sydney:SAI global,2005

［45］徐益华. 轻型钢结构设计［M］. 北京,中国计划出版社,2006

［46］丁成章. 低层轻钢骨架住宅设计、制造与装配［M］. 北京,机械工业出版社,2003

第4章

村镇工业化秸秆板轻钢发泡混凝土剪力墙结构

近年来,建筑产业现代化步伐不断加快,现代建筑功能向多元化不断发展,开始以具有经济、适用、抗震、环保、节能和建造简单为原则加快发展,特别是轻钢结构体系和预制装配技术应用于"经济适用住宅"得到不断关注。李克强总理在第十二届全国人民代表大会第四次会议的政府工作报告中强调"积极推广绿色建筑和建材,大力发展钢结构和装配式建筑,提高建筑工程标准和质量"。正因如此,许多国内专家学者和企业家开始着手研发符合我国建筑产业现代化要求的新型墙体。

4.1 工业化秸秆板轻钢发泡混凝土剪力墙结构建筑结构形式及特点

4.1.1 建筑结构形式

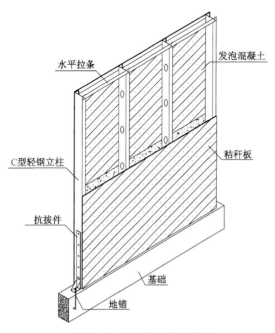

水平拉条
发泡混凝土
C型轻钢立柱
秸秆板
抗拔件
基础
地锚

图4-1 剪力墙结构示意图

笔者在经过多年学术研究、试点工程应用以及与相关钢结构施工企业的合作之后,在现有研究成果和国内外最新相关研究成果的基础上,提出了一种工业化秸秆板轻钢发泡混凝土剪力墙结构。这种墙体是在工厂内以纵向 C 型冲孔冷弯薄壁型钢为主体骨架,以固定于骨架内外侧上的免拆除横向纤维秸秆板为覆盖材料,形成墙体空腔,然后向空腔内灌注高强发泡混凝土,发泡混凝土硬化后与骨架面板一起,形成完整一体的复合剪力墙。该剪力墙结构是在现场通过连接件将上述墙体逐层组装成三维空间结构,并在内外墙和上下层墙体连接处二次灌注高强发泡混凝土形成整体式空间剪力墙结构。图 4-1 是该剪力墙结构示意图;图 4-2 是该剪力墙剖面示意图。

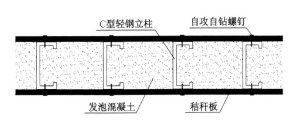

图 4-2 剪力墙剖面示意图

在该剪力墙系统内部结构中,纵向 C 型冲孔冷弯薄壁型钢龙骨发挥的作用是纵向支撑及面板的连接,各部分均通过轻钢龙骨组合为一体。秸秆板具有以下作用:一是起到剪力墙的横向支撑作用,与轻钢龙骨的纵向支撑相结合,使墙体成为一个稳定而坚固的力学结构;二是保护了墙体空腔内的发泡混凝土,避免墙体承受荷载时发泡混凝土被严重挤压破碎,使得发泡混凝土的作用充分发挥,提高了剪力墙的整体承载性能;三是赋予墙体表面具有良好的平整度,使墙体表面免去粉刷作业,直接进行装修层施工;四是起到模板作用,实现墙体免拆模板,减少施工工序,加快施工进度。轻质高强发泡混凝土作为剪力墙的芯层,不仅与轻钢和秸秆共同承受各种荷载和作用,而且起到保温隔热和隔声降噪的作用,是墙体的重要组成部分。总之,三者可以实现优势互补,劣势互克,共同发挥作用,实现剪力墙具有优良的综合性能。

剪力墙结构主要采用秸秆板、发泡混凝上和冷弯薄壁型钢等材料。其中秸秆板材是以洁净的天然稻草或麦草为主要原料,无任何添加剂,经加热挤压成型,外表粘贴面纸而成的普通纸面草板。这种秸秆板内部为许多整根稻草或麦秸秆单向通过机械压缩成型。当剪力墙表面覆盖此板材时,秸秆板内部的整根稻草或麦秸秆成水平方向。从板材受力机理上可以看出,秸秆板属于单向板,其作用为相当于普通混凝土剪力墙中的水平钢筋作用,对剪力墙的抗剪性能起到重要作用。另外,此秸秆板具有良好的保温隔热性能,其导热系数仅为 0.108 W/(m·K),远低于红砖、混凝土、加气混凝土。秸秆板的使用相当于给剪力墙披上了"绿色的外衣"。对剪力墙而言,秸秆板不仅起到承受水平荷载的作用,提高剪力墙的抗剪性能,而且可减少墙体厚度,有效增加使用面积,还可保温隔热,降低采暖能耗,有利于现代建筑节能。

另外,秸秆板轻钢发泡混凝土剪力墙结构所采用的发泡混凝土,是笔者带领的科研团队通过对发泡混凝土的制作原理、材料类型和用量对其强度的影响程度研究,研发出新的发泡混凝土的配合比和施工工艺,使得发泡混凝土密度为 600 kg/m³ 时强度约为 4 MPa,1 000 kg/m³ 时强度约为 10 MPa,同时其密度为 600 kg/m³ 时导热系数为 0.14 W/(m·K),小于国家规定的导热系数为 0.19 W/(m·K)。根据《泡沫混凝土》(JGT 266—2011)规范规定,研发的轻质高强发泡混凝土,在干密度等级为 A06 时,其抗压强度比普通发泡混凝土提高了 3 倍左右。表 4-1 是《泡沫混凝土》(JGT 266—2011)规范规定的发泡混凝土干密度等级与强度的大致关系。表 4-2 是《泡沫混凝土》(JGT 266—2011)规范规定的发泡混凝土干密度等级与导热系数的关系。

表 4-1　发泡混凝土干密度等级与强度的大致关系

干密度等级	A03	A04	A05	A06	A07	A08	A09	A10	A12	A14	A16
强度(MPa)	0.3～0.7	0.5～1.0	0.8～1.2	1.0～1.5	1.2～2.0	1.8～3.0	2.5～4.0	3.5～5.0	4.5～6.0	5.5～10.0	8.0～30.0

表 4-2　发泡混凝土干密度等级与导热系数的关系

干密度等级	A03	A04	A05	A06	A07	A08	A09	A10	A12	A14	A16
干密度(kg/m³)	300	400	500	600	700	800	900	1 000	1 200	1 400	1 600
导热系数(W/(m·K))	0.08	0.10	0.12	0.14	0.18	0.21	0.24	0.27	—	—	—

4.1.2　建筑结构特点

与我国现有的轻钢结构体系相比,秸秆板轻钢发泡混凝土剪力墙结构具有以下优点:

(1) 构造合理。在秸秆板轻钢发泡混凝土剪力墙结构中,纵向 C 型冲孔冷弯薄壁型钢相当于普通剪力墙中的纵向钢筋,同时具有固定秸秆板的作用,其冲孔可以方便发泡混凝土灌注时的横向流动,并增加型钢与混凝土的黏结;横向纤维秸秆板相当于普通剪力墙中的横向钢筋,同时具有模板和保温隔热的作用;轻质高强度发泡混凝土相当于普通剪力墙中的混凝土,同时具有黏结和保温隔热的作用。

(2) 良好的保温隔热性能。由于采用秸秆板及轻质高强发泡混凝土,使得该结构体系可以满足我国最新建筑节能 65% 的标准,其导热系数约为 0.1 W/(m·K),低于其他常规建筑材料,例如砌块、混凝土、钢结构等,外层的秸秆板可以完全断绝冷热桥。

(3) 整体性和抗震、抗风性能好。在墙体和楼屋盖的拼接处,现场浇筑高强度发泡混凝土,使得该装配式结构体系拥有与现浇结构体系相同的整体性和抗侧刚度。同时墙体空腔内填充发泡混凝土,其与轻钢和秸秆板的黏结作用,可以有效地降低现有轻钢结构体系中面板与轻钢连接所用的自攻自钻螺钉所受的剪切荷载,也提高了墙体本身的整体性和抗震性能。经试验研究发现,相比于没有填充发泡混凝土的轻钢墙体,填充发泡混凝土的剪力墙的轴压承载力和抗剪承载力均提高 2～3 倍。

(4) 耐久性好。剪力墙采用秸秆板和轻质高强发泡混凝土,使其具有保温材料与结构一体化的功能,且所用材料与建筑同寿命。高强发泡混凝土包裹纵向冷弯薄壁型钢,使其隔离潮湿,避免现有轻钢结构体系中普遍出现的轻钢龙骨锈蚀现象,延长了房屋的使用寿命。

(5) 隔声降噪性能优良。该新型墙体因使用秸秆板和发泡混凝土材料,可以完全消除现有轻钢结构体系中墙体的空鼓声,具有完美的隔声降噪效果,完全满足国家建筑隔声标准,提高了房屋的居住舒适度。

(6) 结构轻质高强。该结构体系的构件采用冷弯薄壁型钢、秸秆板和发泡混凝土作为主要建筑材料,通过对发泡混凝土配合比的改进和优化,达到轻质高强。同时,冷弯薄壁型钢和秸秆板本身质量较轻,使得剪力墙的整体重量偏小。对于厚度为 200 mm 的墙体结构,新型剪力墙质量约为 655 kg/m³,普通混凝土剪力墙约为 3 530 kg/m³,保温砌块墙体约为 1 420 kg/m³。

(7)有利于住宅产业现代化。墙和楼板均为自动化、连续化、高精度生产,产品规格可以达到系列化、定型化、配套化,且具有质量保证和现场工期短等特点,可以有效地提高构配件的加工质量和现场施工效率。由于墙板和楼板在工厂采用二维加工,且部分灌注轻质高强发泡混凝土,使得构件具有自重轻、体积小和方便制作与运输的特点,而现场现浇的高强发泡混凝土又将二维构件巧妙地组合成空间三维的整体结构。

(8)废物利用、节能环保、经济性好。剪力墙结构表面所用板材为秸秆板。秸秆板材是以常被焚烧的稻草或麦秸秆为主要原料,经加热挤压成型工艺而成。因此,秸秆板的使用,不仅可以有效地防止其焚烧带来的雾霾现象,而且会变废为宝,带来良好的社会与经济效益。

(9)建筑使用面积大。相对于砌体结构和带外保温的普通混凝土剪力墙结构,本剪力墙结构体系的墙厚相对较薄,在 160～240 mm 范围之间,对一般住宅可增加使用面积 5%～10%。

(10)结构层数灵活。随着房屋建造层数的增加,本剪力墙结构体系可以通过增加墙厚、增加冷弯薄壁型钢厚度、增加发泡混凝土强度和合理的节点连接方式等解决,预期最高可建 10 层。

综上所述,秸秆板轻钢发泡混凝土剪力墙结构同时具有轻质高强、节能环保、安全可靠、经济性好和工业化生产等优点,可以有效避免轻钢结构中容易发生局部屈曲、螺钉连接破坏等带来的一系列不利影响,提高房屋建造层数,满足我国建筑产业现代化发展要求。

4.2　秸秆板轻钢发泡混凝土剪力墙结构建筑抗震设计及构造措施

4.2.1　抗震一般规定

根据现行国家标准《工程结构可靠性设计统一标准》(GB 50153)及《建筑结构可靠度设计统一标准》(GB 50068)的规定,秸秆板轻钢发泡混凝土剪力墙结构应采用以概率理论为基础的极限状态设计方法,采用分项系数的设计表达式进行设计。其中,分项系数包括结构重要性系数、荷载分项系数、材料性能分项系数(有时直接以材料的强度设计值表达)、抗力模型不定性系数(构件承载力调整系数)等。对难以定量计算的间接作用和耐久性等,仍采用基于经验的方法进行设计。另外,荷载分项系数应按现行国家标准《建筑结构荷载规范》(GB 50009)的规定取用。

秸秆板轻钢发泡混凝土剪力墙结构的强度和稳定性设计,应分别按照承载能力极限状态和正常使用极限状态进行设计计算。其中,极限状态的分类系根据《工程结构可靠性设计统一标准》(GB 50153)确定的。

秸秆板轻钢发泡混凝土剪力墙结构体系通常设计为板墙结构,也可根据建筑功能的需求,设置少量的柱。灾害调查和事故分析表明,结构布置方案对建筑物的安全有着决定性的影响。在确定结构布置时应考虑结构体型适当,传力途径和构件布置能够保证结构的整体稳固性,避免因局部破坏引发结构连续倒塌。因此,秸秆板轻钢发泡混凝土剪力墙结构宜设计为剪力墙结构体系,也可以根据建筑功能需要设置少量的柱,结构布置应符合下列规定:

(1)结构平面及立面宜规则、连续,墙体宜在结构的两个主轴方向均匀布置;

(2)结构传力途径应简捷、明确,竖向构件宜连续贯通、对齐,偏心布置时应考虑其不利影响;

(3)不宜采用大跨度结构、大悬挑结构和带转换层的结构;当楼层有转换时,宜设置转换梁;

(4)门窗洞口宜上下对齐;

(5)楼板布置不宜错层。

秸秆板轻钢发泡混凝土剪力墙结构中结构缝的设置应符合以下规定:①应根据结构受力特点及建筑尺度、形状、使用功能,合理确定结构缝的位置和构造形式;②宜控制结构缝的数量,并应采取有效措施减少设缝的不利影响。

秸秆板轻钢发泡混凝土剪力墙结构的地基基础设计应符合现行国家标准《建筑地基基础设计规范》(GB 50007)的有关规定。同时,地下室不应采用秸秆板轻钢发泡混凝土剪力墙结构。

秸秆板轻钢发泡混凝土剪力墙结构承受的荷载应符合现行国家标准《建筑结构荷载规范》(GB 50009)及相关标准的规定;地震作用应符合现行国家标准《建筑抗震设计规范》(GB 50011)的有关规定。同时,荷载效应组合方法应符合现行国家标准《建筑结构荷载规范》(GB 50009)和《建筑抗震设计规范》(GB 50011)的有关规定。

在抗震设防区里,当房屋采用秸秆板轻钢发泡混凝土剪力墙设计时,房屋应满足设防烈度地震作用下的抗震承载力要求。秸秆板轻钢发泡混凝土剪力墙结构的内力和变形可采用弹性分析方法按混凝土结构进行计算分析,分析模型应符合结构实际情况。弹性分析方法是最基本和最成熟的结构分析方法,也是其他分析方法的基础和特例。它适用于分析一般结构,同样也适用于秸秆板轻钢发泡混凝土剪力墙结构。另外,秸秆板轻钢发泡混凝土剪力墙结构在所有的情况下均应对结构的整体进行分析。结构中的重要部位、形状突变部位以及内力和变形有异常变化的部分(例如较大孔洞周围、节点及其附近、支座和集中荷载附近等),必要时应另作更详细的局部分析。同时,地震作用下结构分析时秸秆板轻钢发泡混凝土剪力墙结构的阻尼比可取 0.05。

对于秸秆板轻钢发泡混凝土剪力墙结构,构件变形的限值同样是应以不影响结构使用功能、外观及与其他构件连接等要求为目的。因此,受弯构件的挠度不宜大于表 4-3 的规定。

表 4-3　受弯构件的挠度限制

构件类别	挠度限制	构件类别	挠度限制
楼盖、梁	$L_0/300$	屋架、屋盖	$L_0/250$
门窗过梁	$L_0/350$		

注:1. L_0 为构件的计算跨度;
　　2. 计算悬臂构件的挠度限制值时,其计算跨度 L_0 按实际悬臂长度的 2 倍计算。

在风荷载和多遇地震作用下,秸秆板轻钢发泡混凝土剪力墙结构按弹性计算的结构层间位移角不宜大于 1/1 200。对结构楼层层间位移的控制,实际上是对构件截面大小、刚度大小的控制,从而达到保证主体结构基本处于弹性受力状态,保证填充墙、隔墙的完好,避免产生明显损伤。抗震设计是根据抗震设防三个水准的要求,采用二阶段设计方法来实现的。要求在多遇地震作用下主体结构不受损坏,填充墙及隔墙没有过重破坏,保证建筑的正常使用功能;在罕遇地震作用下,主体结构遭受破坏或严重破坏但不倒塌。

4.2.2　抗震计算方法

(1) 对秸秆板轻钢发泡混凝土剪力墙结构进行地震作用的计算时,可采用底部剪力法进行计算。结构的水平地震作用标准值应按下式计算:

$$F_{EK} = \alpha_1 G_{eq}$$

式中:α_1——相应于结构基本自振周期的水平地震影响系数,应按现行国家标准《建筑抗震设计规范》的规定确定;

　　G_{eq}——结构等效总重力荷载;单质点应取总重力荷载代表值,多质点可取总重力荷载代表值的 85%;其中,重力荷载代表值应按现行国家标准《建筑抗震设计规范》的规定确定。

(2) 秸秆板轻钢发泡混凝土剪力墙应进行正截面承载力和斜截面承载力计算。

(3) 重力荷载代表值作用下,秸秆板轻钢发泡混凝土剪力墙结构的抗震设防烈度为6、7 度时墙体轴压比不应大于 0.4,8 度时不应大于 0.3。

(4) 秸秆板轻钢发泡混凝土剪力墙应根据结构分析所得的内力,分别按偏心受压、偏心受拉进行正截面承载力及斜截面受剪承载力计算。墙体轴压比不应大于 0.3。有地震作用组合时,墙体承载力抗震调整系数应取 0.85。

(5) 秸秆板轻钢发泡混凝土剪力墙正截面轴心受压承载力应符合下列规定:

$$N \leqslant 0.85\varphi(f_c A_c + f_a' A_a')$$

$$A_c = b_w h_w - A_{ak}$$

式中:N——轴向压力设计值;

　　φ——稳定系数;

　　f_c——发泡混凝土轴心抗压强度设计值;

　　A_c——剪力墙截面净面积;

f'_a——轻钢抗压强度设计值;

A'_a——剪力墙的纵向轻钢截面面积;

b_w——剪力墙厚度,不包括秸秆板的厚度;

h_w——剪力墙截面高度;

A_{ak}——矩形或 C 型轻钢立柱所围面积之和。

(6)试验结果表明,秸秆板轻钢发泡混凝土剪力墙承载受力时,仍符合平截面假定。秸秆板轻钢发泡混凝土剪力墙的正截面偏心受压承载力计算,是在平截面假定条件下,参考型钢混凝土剪力墙正截面偏心受压承载力计算公式确定的。同时,因剪力墙含钢率较低,在计算公式中没有考虑墙体中部竖向分布轻钢所能承担的轴力值和弯矩值,趋于保守计算,偏于安全考虑,如图 4-3 所示。因此,秸秆板轻钢发泡混凝土剪力墙正截面偏心受压承载力应符合下列规定:

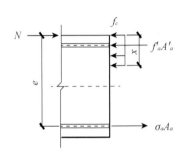

图 4-3 轻钢轻混凝土墙正截面受压承载力计算

非抗震设计:

$$N \leqslant f_c \xi b_w h_{w0} + f'_a A'_a - \sigma_a A_a$$
$$N \cdot e \leqslant f_c \xi (1 - 0.5\xi) b_w h_{w0}^2 + f'_a A'_a (h_{w0} - a')$$

抗震设计:

$$N \leqslant \frac{1}{\gamma_{RE}} (f_c \xi b_w h_{w0} + f'_a A'_a - \sigma_a A_a)$$

$$N \cdot e \leqslant \frac{1}{\gamma_{RE}} [f_c \xi (1 - 0.5\xi) b_w h_{w0}^2 + f'_a A'_a (h_{w0} - a')]$$

$$e = e_0 + \frac{h_w}{2} - a$$

$$a = h_w - h_{w0}$$

$$\xi_b = \frac{0.85}{1 + \dfrac{f_a}{2 \times 0.025 E_S}}$$

当 $x \leqslant \xi_b h_{w0}$ 时, $\sigma_a = f_a$

当 $x > \xi_b h_{w0}$ 时,

$$\sigma_a = \frac{f_a}{\xi_b - 0.85} (\xi - 0.85)$$

式中: f_c——发泡混凝土轴心抗压强度设计值;

ξ——相对受压区高度,$\xi = x/h_{w0}$;

E_s——轻钢的弹性模量;

f'_a、f_a——轻钢抗拉、拉压强度的设计值;

A_a、A'_a——剪力墙受拉端、受压端配置的矩形轻钢截面面积;

b_w ——剪力墙厚度；

h_{w0} ——截面有效高度，即受拉端矩形轻钢合力点至受压边缘的距离；

a ——受拉端矩形轻钢合力点到受拉边缘的距离；

a' ——受压端矩形轻钢合力点到受压边缘的距离；

e_0 ——轴向压力对截面重心的偏心矩，取 $e_0 = M/N$；

e ——轴向力作用点到受拉矩形轻钢合力点的距离；

γ_{RE} ——承载力抗震调整系数。

（7）考虑地震作用组合的剪力墙，其剪力设计值 V 应按下列规定计算：

① 底部加强部位

设防烈度 8 度：

$$V = 1.3V_w$$

设防烈度 6、7 度：

$$V = 1.1V_w$$

② 其他部位

$$V = V_w$$

（8）秸秆板轻钢发泡混凝土剪力墙的受剪截面应符合下列条件：

① 永久、短暂设计状况

$$V \leqslant 0.25 f_c b_w h_{w0}$$

② 地震设计状况

剪跨比大于 2.5 时：

$$V = \frac{1}{\gamma_{RE}} 0.20 f_c b_w h_{w0}$$

剪跨比不大于 2.5 时：

$$V = \frac{1}{\gamma_{RE}} 0.15 f_c b_w h_{w0}$$

剪跨比按下式计算：

$$\lambda = \frac{M}{V h_0}$$

式中：V——剪力墙斜截面的最大剪力设计值；

M——剪力墙截面的弯矩设计值。

（9）对于秸秆板轻钢发泡混凝土剪力墙的抗剪承载力，主要采用承载力叠加法计算，其抗剪承载力由构件有效抗剪截面和混凝土抗拉强度提供的抗剪能力、轴压力引起的抗剪能力、抗剪钢筋数量和强度所提供的抗剪能力三部分之和得到。以最小二乘法原理为理论基础,根据不同参数下的试验结果进行非线性拟合,得到矩形剪力墙抗剪屈服承载力的计算公式。剪力墙在偏心受压时的斜截面受剪承载力应符合下列规定:

① 永久、短暂设计状况

$$V \leqslant \frac{1}{\lambda - 0.5}\left(0.25 f_t A_c + 0.08 N \frac{A_w}{A}\right) + 0.25 f_a \frac{A_{ah}}{s} h_{w0}$$

② 地震设计状况

$$V \leqslant \left[\frac{1}{\lambda - 0.5}\left(0.4 f_t A_c + 0.06 N \frac{A_w}{A}\right) + 0.2 f_a \frac{A_{ah}}{s} h_{w0}\right] / \gamma_{RE}$$

$$A_c = b_w h_w - A_{ak}$$

式中:N——与剪力设计值相应的轴向压力设计值;

$\quad A$——剪力墙截面面积;

$\quad A_w$——T形、工字形截面剪力墙腹板的截面面积,对矩形截面,取为A;

$\quad \lambda$——计算截面的剪跨比;当λ小于 1.5 时,取 1.5;当λ大于 2.2 时,取 2.2;

$\quad A_{ah}$——配置在同一截面内的水平拉条的全部截面面积;

$\quad s$——水平拉条的间距;

$\quad A_{ak}$——矩形或 C 型轻钢管所围面积之和。

(10) 在承载力计算中,剪力墙的翼缘计算宽度可取剪力墙的间距、门窗洞口间翼墙的宽度、剪力墙厚度加两侧各 6 倍翼墙厚度、剪力墙墙肢总高度的 1/10 四者中的最小值。

4.2.3 抗震构造措施

(1) 秸秆板轻钢发泡混凝土剪力墙应由轻钢立柱、发泡混凝土和秸秆板组成,轻钢立柱宜采用冷弯薄壁型钢,其壁厚不宜大于 6 mm,也不宜小于 1.5 mm,不应小于 1.0 mm。秸秆板的尺寸由厂家提供,考虑到墙体具有保温隔热性能,宜采用厚度为 38 mm 和 58 mm,长度宜为 3.0 m。

(2) 轻钢构件应采用专用连接件和螺钉连接。轻钢之间的专用连接钢片,其厚度不应低于被连接轻钢厚度,宜为 1.5~2.0 倍。

(3) 轻钢纵向连接计算应符合现行国家标准《冷弯薄壁型钢结构技术规范》(GB 50018)的相关规定,多个螺钉连接的承载力应进行折减,折减系数可按下式计算:

$$\xi = \left(0.535 + \frac{0.465}{\sqrt{n}}\right)$$

式中:n——螺钉个数。

（4）秸秆板轻钢发泡混凝土剪力墙应由轻钢立柱、发泡混凝土和秸秆板组成。为了保证三者协调共同工作，三种材料之间的相互连接主要采用螺钉连接，且所用螺钉型号各不相同。墙体轻钢龙骨骨架采用螺钉进行连接拼装，螺钉应选用盘头自攻自钻螺钉。墙体轻钢立柱与预埋于基础上的薄钢片采用螺钉连接，螺钉应选用外六角头自攻自钻螺钉。墙体秸秆板应采用螺钉安装在轻钢构架上，螺钉应选用带燕尾的沉头自攻自钻螺钉。

（5）所用螺钉应符合现行国家标准《自攻自钻螺钉》(GB/T 15856.1~GB/T 15856.5)或《自攻螺钉》(GB/T 5282~GB/T 5285)。螺钉型号不宜小于 ST4.8，螺栓直径不宜小于 8 mm，螺钉长度根据被连接构件的实际厚度进行确定。采用自攻自钻螺钉连接时，自攻自钻螺钉的钉头应靠近较薄的构件一侧，并至少有 3 圈螺纹穿过连接构件。自攻螺钉的中心距和端距不小于 3 倍的螺钉直径，边距不小于 1.5 倍自攻螺钉直径。受力连接中的螺钉连接数不得少于 2 个。

（6）秸秆板轻钢发泡混凝土剪力墙中轻钢立柱的构造应符合下列规定：

① 轻钢立柱可采用单拼 C 型立柱（图 4-4(a)）、双拼工形立柱（图 4-4(b)）和双拼箱型立柱（图 4-4(c)）。

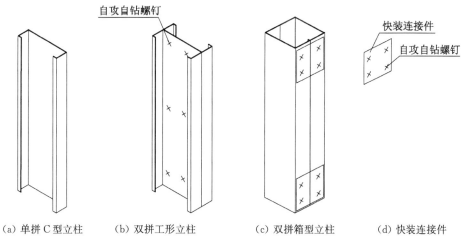

（a）单拼 C 型立柱　　（b）双拼工形立柱　　（c）双拼箱型立柱　　（d）快装连接件

图 4-4　轻钢立柱构造

② 轻钢立柱应上下贯通布置，间距不应大于 600 mm。

③ 双拼工形立柱宜由两根 C 型轻钢通过螺钉连接，螺钉竖向间距不宜大于 500 mm，不宜小于 200 mm；双拼箱型立柱宜由两根 C 型轻钢通过快装连接件及螺钉连接，快装连接件间距不宜大于 1 000 mm，螺钉间距和螺钉距连接件边缘的距离不宜小于 15 mm，单个连接件上的螺钉数量不宜少于 4 个。在立柱的端部，必须安装快装连接件（图 4-4(d)）。

④ 上下层轻钢立柱连接采用薄钢板和外六角头自攻自钻螺钉连接。在轻钢立柱的腹板处覆上薄钢板，考虑到轻钢立柱厚度较小，采用螺钉将立柱和钢板连接。其中，薄钢板厚度不宜大于被连接轻钢立柱厚度的 3 倍，不应小于 1.5 倍，长度根据实际受力经相应计算公式所得螺钉数量确定。具体连接方式见图 4-5 所示。

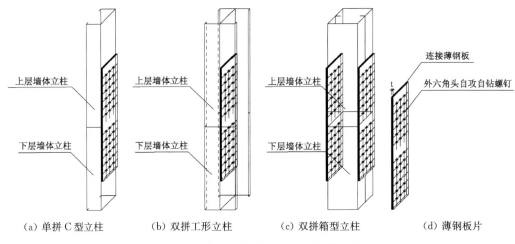

（a）单拼C型立柱　　（b）双拼工形立柱　　（c）双拼箱型立柱　　（d）薄钢板片

图 4-5　轻钢立柱的层间连接构造形式

⑤ 上下层轻钢立柱连接也可以采用轻钢和外六角头自攻自钻螺钉连接。对于单拼 C 型立柱和双拼箱型立柱，在轻钢立柱的表面覆上轻钢，考虑到轻钢立柱厚度较小，采用螺钉将立柱和钢板连接；对于双拼工型立柱，在轻钢立柱的内侧和表面均覆上轻钢，考虑到轻钢立柱厚度较小，采用螺钉将立柱和钢板连接。其中，薄钢板厚度不宜大于被连接轻钢立柱厚度的 2 倍，不应小于 1.2 倍，长度根据实际受力经相应公式计算所得螺钉数量确定。具体连接方式见图 4-6 所示。

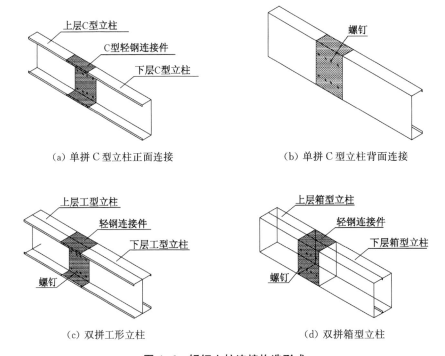

（a）单拼C型立柱正面连接　　　　　　　（b）单拼C型立柱背面连接

（c）双拼工形立柱　　　　　　　　　　　（d）双拼箱型立柱

图 4-6　轻钢立柱连接构造形式

⑥ 上下层立柱连接位置,参考普通混凝土剪力墙中上下层钢筋绑扎搭接处理方式,宜设在上层立柱距离底部 300 mm 左右处,可以有效地避免设置在楼层位置处,造成楼层与墙体连接位置处出现抗震薄弱现象,也可以满足"强节点弱构件"的要求。

⑦ 墙体底层立柱与基础采用薄钢板和外六角头自攻自钻螺钉连接。薄钢板为基础预埋件,墙体每根立柱与对应于基础处的钢板连接片通过自攻螺钉相连。其中,薄钢板片厚度不宜大于被连接轻钢立柱厚度的 3 倍,不应小于 1.5 倍,长度根据具体所用螺钉数量确定,薄钢板片埋入基础的长度需根据具体计算确定。具体连接方式见图 4-7 所示。

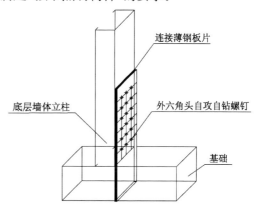

图 4-7 轻钢立柱与基础连接构造

⑧ 如实际工程中存在不适合第⑦条的情况(条形基础没有预埋连接薄钢板片,现已浇注完毕等特殊情况),墙体底层立柱与基础相连可以采用《低层冷弯薄壁型钢房屋建造技术规程》(JGJ 227—2011)第 8.3.5 条中规定的连接方式进行连接。考虑到秸秆板轻钢发泡混凝土底层剪力墙的轻钢龙骨没有底导梁,故墙体内每根立柱均采用抗拔连接件和抗拔螺栓与基础相连,其具体形式和设计可参考《低层冷弯薄壁型钢房屋建造技术规程》(JGJ 227—2011)图 8.3.5,此处不再赘述。另外,对于基础施工过程中没有使用预先埋置抗拔螺栓的情况,本书建议在基础养护到规定时间后采取在基础上植入化学锚栓固定抗拔连接件的方式,具体形式和设计可参考相关规范规定。

⑨ 为了提高轻钢龙骨骨架的稳定性和抗侧刚度,墙体立柱可以通过扁钢带拉条和刚性支撑进行连接,其中扁钢带拉条和刚性支撑的厚度不应小于被连接轻钢立柱的厚度。具体连接方式见图 4-8 所示。

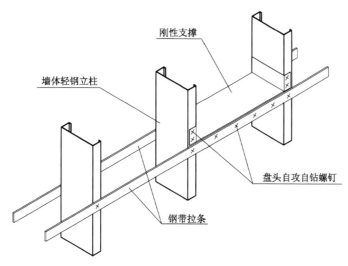

图 4-8 轻钢立柱之间的连接构造

（7）剪力墙表面覆盖的秸秆板,可以采用沉头自攻自钻螺钉与轻钢立柱连接。在墙体四周边缘处,螺钉间距宜为150 mm,不宜大于200 mm;在墙体中部,螺钉间距宜为300 mm;在秸秆板之间拼缝处,螺钉间距宜为150 mm。考虑到所有秸秆板能共同工作,避免秸秆板各自发生旋转,在秸秆板之间拼缝处宜安装连接薄钢片,其间距为500～600 mm,墙体顶部和底部处必需设置连接薄钢片。每个薄钢片上至少采用4个盘头自攻自钻螺钉,螺钉间距和螺钉距连接件边缘的距离不宜小于15 mm。具体构造形式见图4-9所示。

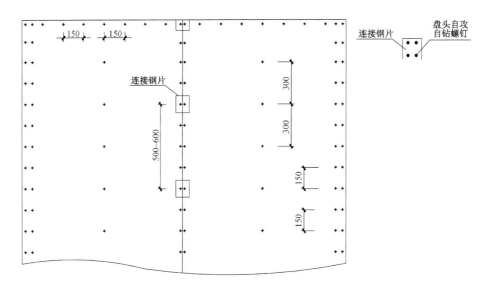

图 4-9　秸秆板连接构造

4.3　秸秆板轻钢发泡混凝土剪力墙结构建筑施工工艺

秸秆板轻钢发泡混凝土剪力墙结构主要采用装配整体式施工技术,其主要施工工艺可分为两部分:工厂内墙体制作、现场墙体和楼屋盖的拼装和节点处理。其中,工厂内墙体制作过程主要包括轻钢骨架的拼装、秸秆板的覆盖和发泡混凝土的浇筑三部分;在现场施工过程中,施工工艺主要包括基础浇筑、墙体安装、楼屋盖安装、防火和防水处理五部分。

图 4-10　示范工程实物图

到目前为止,采用秸秆板轻钢发泡混凝土剪力墙结构建造的第一座房屋是位于江苏省泰州市高港区许庄街道乔杨社区内一座示范工程房屋,如图4-10所示。该房屋占地面积78.42 m²,建筑高度6.3 m,建筑层数2层,建筑面积约172 m²。下面就以上述示范工程建造过程为依托,简要介绍秸秆板轻钢发泡混凝土剪力墙结构房屋基础工程、主体工程、楼盖工程、屋盖工程、防火工程和防水工程的施工工艺,仅供后期建造相类似房屋作为参考。

4.3.1 基础工程

秸秆板轻钢发泡混凝土剪力墙结构宜采用混凝土条形基础。施工前地基应进行夯实或碾压处理,尤其是软土地基或松软不一的地基,放线前必须进行此处理。然后,按照施工图进行施工放线,严格控制偏差。墙体基础一般采用 C30 混凝土浇筑。在浇筑混凝土前,将固定一层墙体的预埋件按照预定尺寸位置固定于条形基础的钢筋笼上,保证一层墙体底部与基础顶部准确连接。

在条形基础浇筑和养护完成后,应对基础表面进行找平施工,并用水平尺检查,保障墙体基础各处基本高低一致。同时,对预埋连接件表面进行清理,保障墙体立柱与预埋连接件准确相连。图 4-11 为多层住宅的混凝土条形基础及其预埋件示意图。

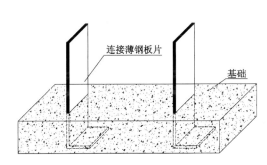 

图 4-11 条形基础预埋件示意图　　图 4-12 示范工程所在场地和条形基础

本次示范工程,由于条形基础已经提前现场浇筑完毕,故一层墙体立柱与基础相连方式采用立柱与在基础表面植入化学锚栓和抗拔连接件相连的方式。其具体施工工艺如下:现场预浇筑混凝土条形基础,待一层墙体吊装就位后,在墙角部分竖向轻钢龙骨柱脚处条形基础上打入膨胀螺栓并固定,之后在剩余所有的墙角竖向轻钢龙骨柱脚处条形基础上植入化学锚栓使墙体与基础连接牢固。图 4-12 为示范工程所在场地和条形基础;图 4-13 为基础表面植入化学锚栓。

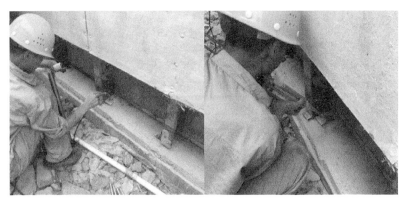

图 4-13 基础表面植入化学锚栓

4.3.2 主体工程

对于秸秆板轻钢发泡混凝土剪力墙结构房屋,墙体是最重要的承重构件和保温构件,

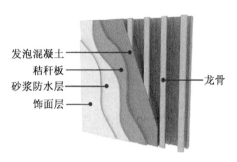

发泡混凝土
秸秆板
砂浆防水层
饰面层
龙骨

图 4-14 预制墙体示意图

不仅与普通混凝土剪力墙具有相同的功能,而且还具有良好的保温隔热和隔声降噪作用,剪力墙的结构示意图见图 4-14 所示。相比于现有的传统轻钢结构房屋的组合墙体,此种剪力墙不仅满足多层和小高层建筑对竖向和水平向承载力的要求,其最人的特点在丁墙体被敲击时没有空鼓声,给人一种心理上的安全感,而且其良好的保温隔热性能,可以有效地防止房屋内的暖气产生的热量或空调产生的寒气或热量向外界传递。

针对剪力墙的结构形式,采用工厂内拼装和浇筑发泡混凝土,现场进行吊装和安装的施工工艺。在工厂内,场内施工流程为:施工准备→轻钢龙骨放线/秸秆板初步防水涂膜→轻钢龙骨就位拼装→覆盖一侧秸秆板并以自攻自钻螺钉与轻钢龙骨连接→墙体翻转→水电管线布置/发泡混凝土制备→发泡混凝土浇筑→发泡混凝土初凝→覆盖另一侧秸秆板并以自攻自钻螺钉与轻钢龙骨连接→墙板制作完成待混凝土终凝后发运。图 4-15 是剪力墙施工工艺流程图;图 4-16～图 4-21 是剪力墙在工厂内的制作过程图。

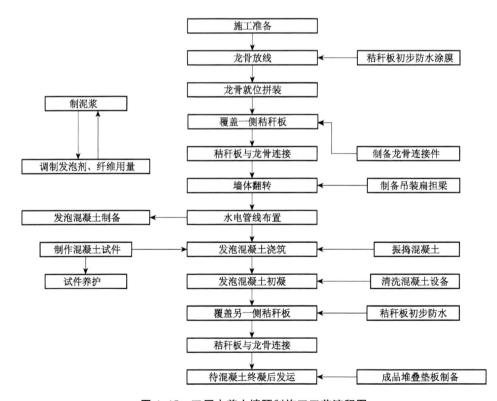

图 4-15 工厂内剪力墙预制施工工艺流程图

图 4-16　墙体轻钢龙骨拼装

图 4-17　秸秆板初步防水涂膜和墙面覆板

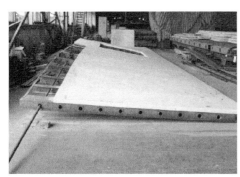

图 4-18　单面覆板墙体翻身操作

图 4-19　水电管线布置及预埋

图 4-20　发泡混凝土浇筑

图 4-21　墙体工厂内吊装运输

在现场，工厂内预制的秸秆板轻钢发泡混凝土剪力墙进行吊装和安装，完成房屋的主体工程施工。以泰州绿色农房示范工程项目为例，现场对主体结构的拼装施工流程为：基础浇筑→一层墙板放线→一层墙板吊装就位并用化学锚栓/膨胀螺栓与基础相连→楼板吊装定位并固定→二层墙板吊装就位并固定→雨篷吊装就位并固定→墙底后浇带浇筑→二层天花板龙骨吊装就位并连接→屋盖拼装并整体吊装就位→屋盖与墙柱龙骨连接→房屋整体防水处理→外墙阳角遮边安装→外墙门窗及屋盖檐口遮边件安装→外墙防水装饰用彩钢波形板铺设安装→门窗安装→预制楼梯安装→内墙阳角及门洞遮边安装→内墙装饰用油漆涂抹。图 4-22～图 4-24 是剪力墙在现场的施工过程图。

图 4-22　一层预制墙体、预制楼板吊装就位并固定

图 4-23　二层预制墙板吊装及二层天花板檩条铺设

图 4-24　屋盖主龙骨安装及屋盖拼装

值得注意的是,在工厂里对墙体的制作过程中,秸秆板的预处理是一个重要的施工过程。大部分面板均采用整张标准板(1 200 mm×3 000 mm)安装,不必要裁割。但在靠近墙体转角处部分和门窗口附近部分,其墙面不足以安装整张秸秆板时,需在秸秆板使用前进行裁割处理,并对板材截面处进行相应的处理,具体处理工艺需按照板材厂家给出的规定或建议进行操作。

另外,在工厂内墙体平躺浇筑发泡混凝土前,应严格检查秸秆板之间缝隙、秸秆板与轻钢龙骨之间缝隙是否密封处理,密封是否合格,密封不好的要进行补封。本工艺十分重要,应保证缝隙在浇筑时不出现漏浆。

墙体平躺浇筑发泡混凝土需一次性浇筑完成,具体浇筑厚度应根据设计要求和环境温度等条件而定。考虑到楼盖具有良好的保温隔热性能和承载能力,发泡混凝土的密度不宜太高,建议采用干密度为 500～600 kg/m³,其抗压强度达到 3 MPa 以上。墙体内浇筑的发泡混凝土制备过程中宜采用物理法得到的泡沫,不宜采用化学法制得的泡沫。化学法制得的泡沫尺寸大小不等,且泡沫韧性不够,制备出的发泡混凝土表面平整度不够,且易出现塌模现象,不利于后期施工和质量保障。

由于房屋所有墙体均在厂房内一起浇筑发泡混凝土,且采用平面浇筑方法,导致浇筑面积较大,发泡混凝土与空气接触面积较大,水分散失快,所以在浇筑完成后应立即用塑料薄膜进行覆盖保温养护。同时,考虑到养护成本,建议采用一次性农用薄膜。由于发泡混凝土初凝与空气湿度和温度有很大的关系,薄膜养护时间一般为1~2天。当发泡混凝土达到初凝后,撤除薄膜并覆盖另一侧秸秆板,完成墙体结构部分的制作。

当房屋的预制墙体、预制楼盖和预制屋盖完成空间整体性拼装后,需对墙体与基础连接处、墙体与楼盖连接处和其他连接处等现场浇筑发泡混凝土。发泡混凝土的质量和性能不低于墙体和楼盖内的发泡混凝土的质量和性能。另外,在浇筑发泡混凝土过程中,严格控制发泡混凝土的泵送压力,保障连接处发泡混凝土浇筑密实,避免因压力过大导致连接处面板与龙骨脱离,以及出现胀模和漏浆现象。

4.3.3 楼盖工程

对于秸秆板轻钢发泡混凝土剪力墙结构房屋,楼盖作为房屋结构的重要组成部分,不

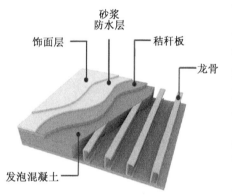

图 4-25 楼盖结构示意图

仅具有普通楼盖的承受楼面荷载的功能,而且还应具有良好的保温隔热和隔声降噪性能,楼盖的结构示意图见图 4-25 所示。相比于现有的轻钢结构房屋的楼盖系统,此种复合结构形式的楼盖不仅能满足承载力的要求,其最大的优点在于楼下居民不能明显感觉到楼上居民的脚步声以及家具移动时的嘈噪声,而且其良好的保温隔热性能,可以有效地防止上下层的暖气或空调产生的热量的相互传递。

针对楼盖的结构形式,采用工厂内加工和拼装楼盖,现场进行吊装和安装楼盖。在工厂内,楼盖施工工艺流程图与墙体施工流程图基本相同,如图 4-26 所示。楼盖的主要施工流程包括:施工准备→龙骨放线/秸秆板初步防水涂膜→龙骨就位拼装→覆盖一侧秸秆板并以自攻自钻螺钉与轻钢龙骨连接→楼盖翻转→水电管线布置/发泡混凝土制备→发泡混凝土浇筑→发泡混凝土初凝→覆盖另一侧秸秆板并以自攻自钻螺钉与轻钢龙骨连接→墙板制作完成待混凝土终凝后发运。

楼盖翻转后,应严格检查秸秆板之间缝隙、秸秆板与轻钢龙骨之间缝隙是否密封处理,密封是否合格,密封不好的要进行补封。本工艺十分重要,应保证缝隙在浇筑时不出现漏浆。楼盖在工厂内施工过程图与墙体基本相同,图 4-27、图 4-28 简要介绍楼盖工厂内施工过程。

在现场进行楼盖吊装和安装,通过 L 形连接件将楼盖龙骨与墙体龙骨进行连接。然后对楼盖与墙体连接处进行发泡混凝土浇筑,具体浇筑注意事项见上一节主体工程中有详细介绍,此处不再赘述。图 4-29 是现场吊装和安装楼盖施工过程图。

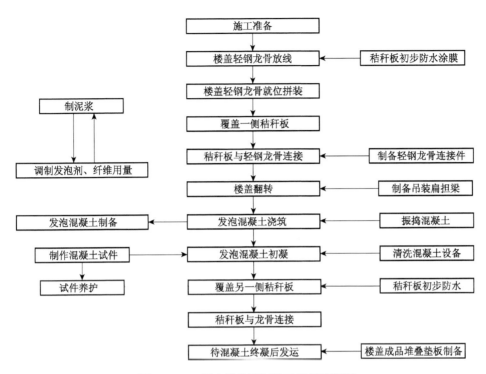

图 4-26 工厂内楼盖预制施工工艺流程图

图 4-27 楼盖轻钢龙骨拼装和单面覆板

图 4-28 浇筑发泡混凝土和覆盖秸秆板

图 4-29　楼盖的吊装和固定连接

值得注意的是,在工厂里对楼盖的制作过程中,秸秆板的预处理是一个重要的施工过程。大部分面板均采用整张标准板(1 200 mm×3 000 mm)安装,不必要裁割。但在靠近楼盖边缘处,其墙面不足以安装整张秸秆板时,需在秸秆板使用前进行裁割处理,并对板材截面处进行相应的处理,具体处理工艺需按照板材厂家给出的规定或建议进行操作。

另外,楼盖浇筑发泡混凝土需一次性浇筑完成,具体浇筑厚度应根据设计和环境温度等要求而定。考虑到楼盖具有良好的保温隔热性能和承载能力,发泡混凝土的密度不宜太高,建议采用干密度为 500～600 kg/m³,其抗压强度达到 3 MPa 以上。楼盖内浇筑的发泡混凝土制备过程中宜采用物理法得到的泡沫,不宜采用化学法制得的泡沫。化学法制得的泡沫尺寸大小不等,且泡沫韧性不够,制备出的发泡混凝土表面平整度不够,且易出现塌模现象,不利于后期施工和质量保障。

由于房屋所有楼盖均在厂房内一起浇筑发泡混凝土,且采用平面浇筑方法,导致浇筑面积较大,发泡混凝土与空气接触面积较大,水分散失快,建议采用一次性农用薄膜。由于发泡混凝土初凝与空气湿度和温度有很大的关系,薄膜养护时间一般为 1～2 天。当发泡混凝土达到初凝后,撤除薄膜并覆盖另一侧秸秆板,完成房屋楼盖结构部分的制作。

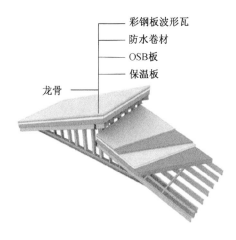

彩钢板波形瓦
防水卷材
OSB板
保温板
龙骨

图 4-30　屋盖结构示意图

4.3.4　屋盖工程

房屋屋盖按其外形通常分为坡屋顶、平屋顶和其他形式屋盖三种类型。对于秸秆板轻钢发泡混凝土剪力墙结构房屋,考虑到房屋的保温隔热和耐久性至关重要,建议采用坡屋顶。如果考虑到室内通风和采光的要求,建议采用双坡屋顶,如图 4-30 所示。

考虑到坡屋顶体积较大,不便于运输和吊装,且在整体运输和吊装出现额外的变形和裂缝,不利于屋盖的防水和保温。因此,除了有特殊的施工工艺保障工厂内预制屋盖在有质量保障的情况下,顺利安装到房屋上外,其余情况建议采用预先在现场地面上将整个屋盖龙骨系统连接好,整体吊装,然后安装附属材料,完成后续的施工工序。在农村没有吊车的地方,建议将屋盖分成若干个施工步骤,在房屋顶部逐步完成屋盖的龙骨拼装连接、附属材料的安装和防水防潮处理等施工工序。

对于坡屋盖系统的具体设计、构造形式和节点构造等,可以参考《低层冷弯薄壁型钢房屋建筑技术规程》(JGJ 227—2011)中第九节屋盖系统中的条文规定。此处不再对其一般规定、设计规定和屋架节点构造做详细赘述。

借鉴江苏省泰州市高港区许庄街道乔杨社区的示范工程的屋盖系统施工,简要介绍屋盖系统的施工流程:屋盖主龙骨拼装并整体吊装就位→屋盖桁架弦杆和腹杆的安装→屋盖龙骨与墙柱龙骨连接→屋盖保温、防水和彩钢波形瓦等附属材料的安装→太阳能集热器安装等。图 4-31～图 4-33 是屋盖系统的主要施工过程图。

图 4-31　屋盖主龙骨安装及附属材料安装

图 4-32　屋盖龙骨拼装及管线穿插

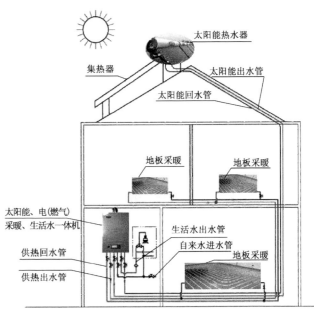

图4-33　屋面瓦片铺设及太阳能集热器固定点设置

值得注意的是,只要屋盖保温隔热性能满足要求,屋盖内部可以不浇筑发泡混凝土。如若屋盖内浇筑发泡混凝土,要考虑屋顶处温度、湿度、光照和风力等外部环境对现浇发泡混凝土的影响,具体注意事项和操作步骤见相关技术手册和相关规范规定,此处不再赘述。

4.3.5　防火工程

相比于现有的轻钢结构体系,秸秆板轻钢发泡混凝土剪力墙的空腔内填充了发泡混凝土,使得该墙体具有良好的防火性能,同时秸秆板自身具有良好的抗火性能。由于秸秆板经挤压密实、稻秸自身二氧化硅的含量甚高、导热系数低等原因,秸秆板具有良好的耐火性能,经权威检测机构检测鉴定,其燃烧性能等级为B1级,属不可燃材料。在现场试验,用喷枪定位燃烧20 min。熄火后检查,被燃烧点只烧去约5 mm深,表面结一层碳,刮去碳层露出稻草,总深度不超过10 mm。试验证明,稻麦草单层58 mm厚板的耐火极限为1 h,而且燃烧过程中不会释放有毒气体。综上所述,秸秆板轻钢发泡混凝土剪力墙本身具有良好的防火性能。

对于剪力墙系统,如果提高秸秆板轻钢发泡混凝土剪力墙的防火性能,就需要在房屋的墙体表面、楼盖表面和屋盖表面做防火施工工艺。借鉴《建筑用纸面草板应用技术规程》(DB 23/499—1999)中关于对墙体构造和施工的相关规定,墙体进行挂网抹灰处理。具体施工过程如下:设置交错排列的梅花钉点网,材料用50 mm长的木螺丝,纵横间距为200 mm。以梅花钉点网挂住网目为20 mm×20 mm~25 mm×25 mm的钢丝网,草板与钢丝网间距为5~10 mm,再以M10水泥砂浆抹面三遍成活,形成钢丝网水泥板,再外图防

水涂料。对于草板间缝,用加 107 胶配石膏粉(或水泥)的腻子腻牢,配合比为石膏粉：107
胶：纤维素＝5：2：1,搅拌至胶泥状,再贴 50 mm 宽玻璃丝网格布阻燃树脂胶封缝。

对于楼盖系统,草板表面和间缝处理与上面的墙体处理工艺相同,此处不再赘述。对
于屋面工程,施工工艺严格遵照《屋面工程技术规范》的规定进行。必要时,为调高板材的
防火、防水性能可采用二次加工处理后的板材。即在板材某一面(此面为墙体表面)贴两
层玻璃丝网格布,涂以三层阻燃树脂胶,板间以加 107 胶的石膏粉(或水泥)腻子腻牢,再
以 60 mm 宽的玻璃丝网格布阻燃树脂胶封缝。

4.3.6 防水工程

对于秸秆板轻钢发泡混凝土剪力墙结构房屋,防水工程是必不可少的施工工序。相
比于普通混凝土结构,秸秆板的防潮和防水性能较差,故需要对其进行防水和防潮处理就
显得尤为重要。防水处理工序分为工厂防水处理和现场防水处理两道工序。

在工厂内组装墙体和楼屋盖时,在墙体表面(秸秆板表面)进行防水处理,主要涂抹高
分子防水涂料膜,这是第一道防水处理,如图 4-34 所示。

图 4-34 秸秆板表面高分子防水涂料膜

当构件运输到现场进行吊装和安装,完成房屋主体建筑的拼装后,对房屋整体做防水
处理。这个防水工程主要包括增设挂网涂抹防水砂浆防水层和板材拼缝处防水处理两部
分。具体施工工艺和检测要求可以参考《建筑用纸面草板应用技术规程》(DB 23/499—
1999)中的相关规定和要求。

对于现场屋盖防水处理,施工工艺严格遵照《屋面工程技术规范》的规定进行,并满足
防水验收要求。

另外,对于一层墙体底部,可以外加彩色压型钢板。上压下搭不小于 100 mm,左右
搭接不小于 3/2 波,以加金属垫圈、防水胶垫的自攻螺丝与承重构件固定,并涂以防水材
料,每块板的固定点不少于 3 个,板与板之间采用拉铆钉连接。如考虑建设成本因素,防

水涂料宜采用高分子防水涂料,如果有更好的防水处理工艺更佳。

　　以江苏省泰州市高港区许庄街道乔杨社区的示范工程为例,墙体、楼盖和屋盖采用高分子防水涂料膜、挂网抹防水砂浆和防水卷材进行防水处理。防水施工位置和形式如图4-35所示。

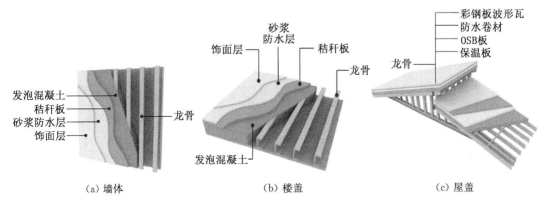

图 4-35　墙体、楼盖和屋盖结构图

参考文献

[1] 闫振甲,何艳君.现浇泡沫混凝土复合墙体技术[M].北京:化学工业出版社,2013

[2] JGJ 383—2016　轻钢轻混凝土结构技术规程[S].北京:中国标准出版社,2016

[3] JG/T 266—2011　泡沫混凝土[S].北京:中国标准出版社,2011

[4] GB 50176—2016　民用建筑热工设计规范[S].北京:中国标准出版社,2016

[5] GB/T 50824—2013　农村居住建筑节能设计标准[S].北京:中国标准出版社,2013

[6] JGJ 26—2010　严寒和寒冷地区居住建筑节能设计标准[S].北京:中国标准出版社,2010

[7] JGJ 134—2010　夏热冬冷地区居住建筑节能设计标准[S].北京:中国标准出版社,2010

[8] 叶继红,冯若强,陈伟.村镇轻钢结构建筑抗震技术手册[M].南京:东南大学出版社,2013

[9] 朱宁海,王东,赵瑜.轻型钢结构建筑构造设计[M].南京:东南大学出版社,2003

[10] GB 50018—2002　冷弯薄壁型钢结构技术规范[S].北京:中国建筑工业出版社,2002

[11] JGJ 227—2011　低层冷弯薄壁型钢房屋建筑技术规程[S].北京:中国建筑工业出版社,2011

[12] GB/T 15856.1~GB/T 15856.5　自攻自钻螺钉[S].北京:中国标准出版社,2002

[13] GB/T 5282~GB/T 5285　自攻螺钉[S].北京:中国标准出版社,1985

[14] GB/T 5780—2016　六角头螺栓 C 级[S].北京:中国标准出版社,2016

[15] GB/T 3098.1—2010　紧固件机械性能螺栓、螺钉和螺柱[S].北京:中国标准出版社,2010

[16] GB/T 50100—2001　住宅建筑模数协调标准[S].北京:中国建筑工业出版社,2002

[17] GB 50368—2005　住宅建筑规范[S].北京:中国建筑工业出版社,2006

[18] GB 50096—2011　住宅设计规范[S].北京:中国建筑工业出版社,2012

[19] GB 50011—2010　建筑抗震设计规范[S].北京:中国建筑工业出版社,2011

[20] GB 50009—2012　建筑结构荷载规范[S].北京:中国建筑工业出版社,2012

[21] 丁成章.低层轻钢骨架住宅设计、制造与装配[M].北京:机械工业出版社,2003

[22] North American specification for the design of cold-formed steel structural members(AISI S100-2007). Washington:American Iron and Steel Institute,2007

[23] Cold-formed steel structures(AS/NZS 4600-2005)[S]. Sydney:SAI global,2005

[24] 邓超.冷弯格构型钢(塞尔玛)混凝土墙体性能试验研究[D].南京:东南大学,2006

[25] 施圣东.钢网构架混凝土结构设计方法及建造工艺研究[D].南京:东南大学,2007

[26] 初明进.冷弯薄壁型钢混凝土剪力墙抗震性能研究[D].北京:清华大学,2010

[27] 殷莹莹.冷弯薄壁型钢混凝土剪力墙受力性能有限元分析研究[D].烟台:烟台大学,2013

[28] 陈亮.钢网构架混凝土剪力墙结构约束边缘构件试验研究[D].南京:东南大学,2011

[29] 高伟.钢网构架混凝土剪力墙抗剪及节点试验研究[D].南京:东南大学,2011

[30] 刘亚萍.钢网构架再生混凝土剪力墙结构的试验研究[D].南京:东南大学,2011

[31] 要永琴.钢网构架剪力墙结构抗震性能研究[D].南京:东南大学,2013

[32] 郁琦桐,潘鹏,苏宇坤.轻钢龙骨玻化微珠保温砂浆墙体抗震性能试验研究[J].工程力学,2015,32(3):151-157

[33] 黄强,李东彬,王建军,等.轻钢轻混凝土结构体系研究与开发[J].建筑结构学报,2016,37(4):1-9

[34] 黄强,李东彬,邵弘,等.轻钢轻混凝土结构多层足尺模型抗震性能试验研究[J].建筑结构学报,2016,37(4):10-17

[35] 翟培蕾.发泡水泥复合墙体力学性能研究[D].北京:北京交通大学,2012

第**5**章

村镇工业化木结构

工业化木结构建筑是一种新兴的装配式技术,它是采用工业化的胶合木材或木基复合材作为建筑结构的基本构件,并通过金属连接件将这些基本构件连接成为满足使用功能的建筑。这种建筑的结构构件可以在工厂加工成型并运输至施工场地,由少数工人在短时间内组装而成。工业化木结构具有质轻、环保、抗震性能良好、便于运输及现场安装、施工周期短且场地干净等优势,不但适合在广大乡镇地区推广,还可以满足城市地区多高层建筑结构的需要。工业化木结构不但克服了传统木结构尺寸受限、强度刚度不足、构件变形不宜控制、易腐蚀等缺点,并且具有优良的抗震性能,同时兼具节能环保的特性,已经在欧美、日本等地被广泛应用于休闲会所、学校、体育馆、图书馆、展览厅、会议厅、餐厅、教堂、火车站和桥梁等。我国是碳排放大国,并且地震频发,但是木材资源相对丰富,适合因地制宜地推广和发展具有中国特色的工业化木结构建筑。

5.1 工业化木结构建筑结构形式及特点

5.1.1 工业化木结构建筑概述

在距今六七千年前,我国已经开始使用榫卯节点形式来构筑木结构房屋。这种传统木结构建筑以木构架为房屋的骨架,墙体仅为维护结构。就其形式而言,传统木结构建筑主要有抬梁式、穿斗式及密梁平顶式三种形式(图 5-1):

(1)抬梁式建筑以垂直木柱为房屋的基本支撑,木柱顶端沿着房屋进深方向架起数层叠架的木梁。木梁由下至上逐渐缩短,层间垫短柱或木块,最上层梁中间立小柱或三角撑,形成三角形梁架,在相邻的屋架之间架上檩,檩上架椽,形成屋面下凹的两坡屋顶骨架。抬梁式是使用最广的古代木结构建筑形式,古代宫廷建筑基本都是使用抬梁式木结构建筑,华中、华北、西北、东北等地均有采用该建筑形式的。

(2)穿斗式木结构建筑将每间进深方向上的各柱随屋顶坡度升高,直接承檩,另用一组穿枋联系,构成两坡屋顶的骨架。其他构件与抬梁式相同,主要流行于华东、华南和西南等地区。

(3)密梁平顶式建筑用纵向列柱承檩,檩间架水平的椽,构成平屋顶。主要流行于新疆、西藏、内蒙古等地区,以西藏的布达拉宫为代表。

（a）抬梁式

（b）穿斗式

（c）平顶式

图 5-1   典型传统木结构民居形式

　　然而传统木结构的榫卯连接形式存在致命缺陷。在长期荷载及地震荷载作用下,传统木结构的榫卯节点宜发生拔榫、折榫或卯口破坏等破坏形态,导致节点承载力及刚度下降,木构架整体破坏。此外,从历年乡镇地区木结构震害来看,传统木结构建筑常出现的破坏形式还包括木结构屋面破坏(图 5-4)、木结构维护墙体破坏(图 5-5)、木构架柱脚破坏、木结构承重构件破坏(图 5-2、图 5-3)等。

图 5-2   木屋架整体倒塌

图 5-3   拔榫

图 5-4   屋面破坏

图 5-5   墙体破坏

20 世纪 80 年代以来,由于我国森林管理水平滞后,结构用木材逐渐减少,木结构的发展一度停滞。近 20 年来,随着材料工业和建筑工业的发展以及北美现代木结构住宅进入中国市场,木结构建筑迎来黄金发展期。

2003 年,我国颁布《木结构设计规范》(GB 50005—2003),规范按照建筑类型将木结构建筑主要分为轻型木结构体系和梁柱结构体系;按照木结构住宅使用木材的种类可划分为轻型木结构、普通木结构、胶合木结构;按照市场上具体的木结构建筑类型将木结构建筑分为以木质原料为结构的木结构建筑、木结构与钢结构相结合的混合结构、混凝土与木结构相结合的混合结构等几类。

1. 轻型木结构体系

轻型木结构体系起源于北美,诞生于 19 世纪中叶,距今已有一百多年的历史。轻型木结构由木骨架墙体、木楼盖和木屋盖系统组成,适合于三层及以下的民用建筑。

轻型木结构体系以一定间距(一般为 410~610 mm)的尺寸较小的木构件,按照等距离形式以一定顺序排列成骨架结构形式,由建筑物的屋面板、楼面板、墙面板等建筑构件组成,承受不同情况下的各种荷载,是一种非常安全的高次超静定的结构体系。该结构体系属于箱形结构,除具有较高安全性外,还具有灵活性、整体性、重量轻、建造省时省力等特点,这种结构体系常用于建造民用住宅。按照建筑内部结构特点不同,可分为连续式框架结构和平台式框架结构。

(1)连续式框架结构。连续式框架结构是在 19 世纪 30 年代出现在美国的轻型木结构建筑。该结构住宅以地板梁、墙骨、天花梁、屋顶椽子等部分组成,采用厚度均为38 mm的木材作为建筑材料,木骨架之间采用长钉相连接。这种住宅具有结构安全、舒适耐用、施工速度快、周期短等特性,成为当时住宅、餐饮等建筑的主要形式。该房屋建造时选用预制的等规格板材,在很短的时间内把房屋建造完成,是当时建造房屋的首选模式。

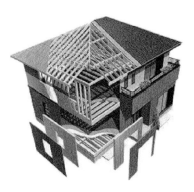

图 5-6 轻型木结构

(2)平台式(非连续式)框架结构。该结构从 20 世纪 40 年代后期在北美建筑市场开始占主导地位,至今北美的建筑商仍采用该结构建造房屋。该框架房屋与连续式框架房屋最显著不同的是,当一层墙板高度相同时,在建造好这一层的墙体并围合以后,搭建好楼板,这样直接在一层楼板上建造第二层墙体结构。因为平台式框架结构房屋墙骨不具有连续性,所以在施工中可根据需要提前预制,符合市场的发展和建筑的需求,比之连续式框架结构(房屋墙骨从一层楼板直达建筑顶部框架的结构)更适应施工和安装要求,故在北美地区平台式框架结构房屋已取代连续式框架结构房屋。

2. 梁柱式木结构体系

梁柱式木结构体系也可以称为重木结构体系,它包括以原木为结构材并通过榫卯节点形式连接的传统木结构及现代工业化梁柱式木结构。现代工业化梁柱式木结构以胶合木或木基材料制作拱、梁、柱、桁架等主要受力构件,并以金属连接件实现各构件之间的相互连接。在梁柱式木结构中,结构构件的尺寸较为灵活,可以满足多高层及大跨度的建筑的使用要求,目前工业化梁柱式木结构建筑被广泛应用于欧美、日本等国家的住宅及商业建筑、公共建筑,如餐厅、学校、教堂、办公楼以及桥梁等。在我国,工业化梁柱式木结构体系的相关研究已经展开,并取得了一定进展。图 5-7 至图 5-11 例举了几个较为典型的现代木结构建筑。

图 5-7 日本白龙穹顶

图 5-8 美国塔科马穹顶

图 5-9 德国 CREE 的 LCT ONE 塔

图 5-10 加拿大英属哥伦比亚大学学生公寓

图 5-11　苏州胥虹桥

3. 工业化木结构的节点连接形式

节点连接性能直接影响整体结构的强度和可靠度,故而节点连接是工业化木结构的重中之重,也是结构施工技术的重要环节。工业化木结构体系的常用连接形式一般有齿连接、螺栓连接和植筋连接等,如图 5-12 所示。

齿连接主要是用于桁架节点的连接形式,它是将受压构件的端头做成齿榫,抵承在另一构件的齿槽内以传递压力的一种连接形式。齿槽除承受压杆的压力外,并在槽底平面上承受顺纹方向的剪力。齿连接又分单齿连接和双齿连接。通常,齿连接广泛应用于我国传统的木结构建筑,抗震性能虽强于榫卯节点,但仍不适用于工业化木结构重要部位的连接。螺栓连接和钉连接同属金属连接件。加拿大木结构设计标准规定现代木结构中金属连接件大体分为钉类连接件、螺栓和销类连接件、木结构铆钉、剪盘和裂环连接件、齿板连接件、构架连接件以及梁托等,而我国的木结构规范将钉、螺栓以及铆钉等连接件统称为销类连接件。在工业化木结构中,螺栓节点的工作原理就是通过螺栓的抗剪和受弯使得木构件的孔壁受压、木材横纹受剪受劈,从而阻止了构件的相对移动。目前实际应用中螺栓连接一般根据侧材的不同分为钢夹板螺栓节点、钢填板螺栓节点以及木夹板螺栓节点。节点中螺栓的分布以及对木材厚度的要求在《木结构设计规范》(GB 5005—2003)中均有所规定。

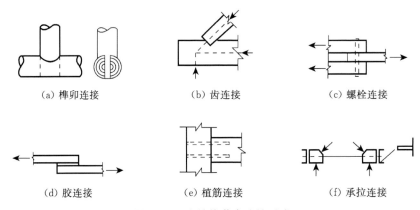

(a) 榫卯连接　　　　　(b) 齿连接　　　　　(c) 螺栓连接

(d) 胶连接　　　　　(e) 植筋连接　　　　　(f) 承拉连接

图 5-12　木结构节点连接形式

木结构节点螺栓连接的破坏模式大概分为以下四种:

(1) 由于螺栓布置时端距或中距的距离不足从而引起木材的剪切破坏;

（2）由于螺栓直径过大而木构件过薄导致木材的撕裂破坏；

（3）由于木材销槽承压能力不足导致销槽孔被压溃而导致的承载力下降或直接导致节点传力的失效；

（4）销槽孔承压变形较大而螺栓的直径较细导致螺栓的变形甚至剪断，其中螺栓变形的破坏模式又分为单铰破坏和双铰破坏。

一般认为前两种破坏模式为脆性破坏，后两种破坏模式为延性破坏，结构中更倾向于实现延性破坏，因为总是希望结构在破坏之前会有一定的变形易于察觉，而且这种塑性变形还会引起多螺栓节点之间应力的再分配，使得螺栓节点能更好地发挥材料性能。而根据节点连接设计的要求，在实际应用中需要对螺栓连接的最小端距、中距、行距及边距给出相关规定使得节点不会发生脆性破坏。

5.1.2   工业化木结构材料特性

建筑承重构件用材的要求，一般来说最好是树干长直、纹理平顺、材质均匀、木节少、扭纹少、能耐腐蚀和虫蛀、易干燥、少开裂和变形、具有较好的力学性能，并便于加工。结构用材可分为两类，针叶材和阔叶材。结构中的承重构件多采用针叶材。阔叶材主要用作板销、键块和受拉接头中的夹板等重要配件。

1. 木材材料物理力学性能

（1）木材含水率

木材含水率是指木材中所含水分的质量占其烘干质量的百分率，可按式（5-1）计算：

$$\omega = \frac{m_1 - m_0}{m_0} \times 100\% \tag{5-1}$$

式中：ω——木材含水率；

m_1——木材烘干前的质量；

m_0——木材烘干后的质量。

木材含水率通常用烘干法测定，即将需要测定的木材试样先行称重，得 m_1；然后放入烘箱内，以（103±2）℃的温度烘 8 h 后，任意抽取 2～3 个试样进行第一次试称，以后每隔 2 h 将上述试样称量一次；最后两次质量之差不超过 0.002 g 时，便认为已达到全干，此时木材质量即为木材烘干后的质量 m_0。将所得 m_1 和 m_0 代入式（5-1）计算即得到木材的含水率。

（2）木材的干缩性

木材的干缩性是指木材从湿材变化到气干或者全干状态时，其尺寸（纵向或横向）或体积随含水率的降低而不断缩小的性能。

木材干湿的程度通常用干缩率表示。干缩率是指湿材（其含水率高于纤维饱和点）变化到干材，干燥前后尺寸之差对于湿材尺寸的百分比。木材的干缩率分为气干和全干两种；二者又都分为体积干缩率、纵向线干缩率（顺木纹方向）、弦向干缩率和径向线干缩率

(横木纹方向)几种。体积干缩率影响木材的密度。木材的纵向干缩率很小,一般为0.1%左右,弦向干缩率为6%~12%,径向干缩率为3%~6%,径向与弦向干缩率之比一般为1:2,径向与弦向干缩率的差异是造成木材开裂和变形的重要原因之一。

木材干缩率的测定一般采用将木材的含水率从湿材到规定的气干状态,或从湿材到全干状态这两种情况进行实测后,按下列公式计算。

① 线干缩率

气干干缩率:

$$\beta_\omega = \frac{l_{\max} - l_\omega}{l_{\max}} \times 100\% \tag{5-2}$$

$$\beta_{\max} = \frac{l_{\max} - l_0}{l_{\max}} \times 100\% \tag{5-3}$$

式中:β_ω——木材弦向或径向气干干缩率;

$\beta_{\max}$——木材弦向或径向全干干缩率;

$l_{\max}$——湿材时木材在弦向或径向的长度(mm);

l_ω——气干时木材在弦向或径向的长度(mm);

l_0——全干时木材在弦向或径向的长度(mm)。

② 体积干缩率

气干干缩率:

$$\beta_{v\omega} = \frac{V_{\max} - V_\omega}{V_{\max}} \times 100\% \tag{5-4}$$

全干干缩率:

$$\beta_{v\max} = \frac{V_{\max} - V_0}{V_{\max}} \times 100\% \tag{5-5}$$

式中:$\beta_{v\omega}$——木材弦向或径向气干干缩率;

$\beta_{v\max}$——木材弦向或径向全干干缩率;

$V_{\max}$——湿材时木材在弦向或径向的体积(mm³);

V_ω——气干时木材在弦向或径向的体积(mm³);

V_0——全干时木材在弦向或径向的体积(mm³)。

一般来说,在含水率相同的情况下,木材密度大者,横纹(径向、弦向)收缩大;密度小者,横纹收缩小,纵向收缩则相反。在同一树种中,弦向收缩最大,径向次之,纵向最小。

(3) 木材密度

木材的密度是指木材单位体积的质量,通常分为气干密度、全干密度和基本密度三种。

气干密度按式(5-6)计算:

$$\rho_\omega = \frac{m_\omega}{V_\omega} \tag{5-6}$$

式中：ρ_ω——木材的气干密度(g/mm^3)；

m_ω——木材气干时的质量(g)；

V_ω——木材气干时的体积(mm^3)。

全干密度按式(5-7)计算：

$$\rho_0 = \frac{m_0}{V_0} \tag{5-7}$$

式中：ρ_0——木材的全干密度(g/mm^3)；

m_0——木材全干时的质量(g)；

V_0——木材全干时的体积(mm^3)。

基本密度按式(5-8)计算：

$$\rho_Y = \frac{m_0}{V_{\max}} \tag{5-8}$$

式中：ρ_Y——木材的基本密度(g/mm^3)；

$V_{\max}$——木材饱和水分时的体积(mm^3)。

基本密度是实验室中判断材性的依据,其数值比较固定、准确。气干密度则为生产计算木材气干时质量的依据。密度随木材的种类而有不同,是衡量木材力学强度的重要指标之一。一般来说,密度大的,力学强度亦大,密度小的,力学强度亦小。

(4) 木材的变形和开裂

木材含水率变化时,会引起木材的不均匀收缩,致使木材产生变形(图 5-13)。由于木材在径向和在弦向的干缩有差异及木材截面各边与年轮所成的角度不同而发生不同的形状变化。锯成的板材总是背着髓心向上翘曲的。

木材发生开裂的主要原因是由于木材沿径向和沿弦向干缩的差异以及木材表层和里层水分蒸发速度不均匀,使木材在干燥过程中因变形不协调而产生横木纹方向的撕拉应力超过了木材细胞间的结合力所致。

(5) 木材顺纹受压、受拉、受剪和静力弯曲强度

木材在物理力学性质方面都具有特别明

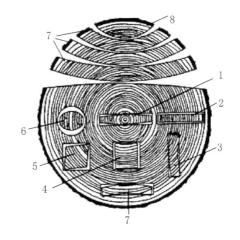

图 5-13 木材的变形

1—两头缩小成纺锤形；2—长方形收缩后成矩形；
3—长方形收缩后成不规则形态；
4—正方形收缩后成矩形；
5—方形收缩后成菱形；6—圆形收缩后成椭圆形；
7—长方形收缩后成瓦形或瓦形反翘；
8—弓形收缩后成橄榄核形

显的各向异性。顺木纹受力强度最高,横木纹最低,斜木纹介于两者之间。木材的强度还与取材部位有关,例如树干的根部与梢部、心材与边材、向阳面与背阳面等都有显著的差异。此外,无疵病的清材与有疵病(木节、斜纹、裂缝等)的木材之间差异更大。本节所述的木材力学性能只涉及清材标准小试件按专门试验方法确定的力学指标。

按照现行国家标准《木材物理力学试验方法》进行试验的、标准小试件破坏时的应力,成为木材的强度。木材受拉、受剪、在极小的相对变形下突然发生破坏的性质称为具有脆性破坏性质;相反,木材受压、受弯破坏前具有较大的、不可恢复的塑性变形性质。木材顺纹受压强度比受拉低,木材受弯强度则介于二者之间,并一般符合下列关系:

$$\frac{f_m^s}{f_c^s} = \frac{3\,\dfrac{f_t^s}{f_c^s} - 1}{\dfrac{f_t^s}{f_c^s} + 1} \tag{5-9}$$

式中,f_t^s、f_c^s、f_m^s——分别为清材标准小试件的顺纹受拉、顺纹受压及受弯强度。

(6) 木材受拉、受压、受剪及弯曲弹性模量

木材的弹性模量与树种、木材密度和含水率等因素有关,其顺纹受压和顺纹受拉的弹性模量基本相等,部分树种试验数值列于表 5-1。

木材横纹弹性模量分为径向 E_R 和切向 E_T,它们与木材顺纹弹性模量 E_L 的比值随木材的树种不同而不同。当缺乏试验数据时,可近似取为:$E_T/E_L \approx 0.05$,$E_R/E_L \approx 0.10$。

表 5-1　木材顺纹受拉和受压的弹性模量

树　种	产　地	弹性模量 $E_L (\times 10^3 \text{ MPa})$	
		顺纹受拉	顺纹受压
臭冷杉	东北长白山	10.7	11.4
落叶松	东北小兴安岭	16.9	—
鱼鳞云杉	东北长白山	14.7	14.2
红皮云杉	东北长白山	12.2	11.0
红松	东北	10.2	9.5
马尾松	广西	10.6	—
樟子松	东北	12.3	—
杉木	广西	10.7	—
木荷	福建	12.8	12.3
拟赤杨	福建	9.4	9.4

木材受剪弹性模量 G(也称剪变模量),随产生剪切变形的方向不同而不同;G_{LT} 表示变形产生在纵向和切向所组成的平面上的剪切模量;G_{LR} 表示变形产生在纵向和径向所组成的平面上的剪切模量;G_{RT} 表示变形产生在径向和切向所组成的平面上的剪切模量。

木材的剪切模量随树种、密度的不同而有差异。部分树种的试验数据列于表 5-2。

表 5-2 部分树种木材的剪切模量

树种	剪切模量（×10³ MPa）		树种	剪切模量（×10³ MPa）	
	G_{LT}	G_{IR}		G_{LT}	G_{IR}
红皮云杉	0.630 7	1.217 2	山杨	0.182 7	0.900 1
红松	0.286 6	0.754 3	白桦	0.997 6	1.931 0
马尾松	0.973 9	1.170 5	柞栎	1.215 2	2.379 5
杉木	0.296 7	0.534 8	水曲柳	0.843 9	1.478 3

当缺乏试验数据时，木材的剪切模量与顺纹弹性模量 E_L 的相对比值，可以近似取为：

$$\frac{G_{LT}}{E_L} \approx 0.06, \frac{G_{IR}}{E_L} \approx 0.075, \frac{G_{RT}}{E_L} \approx 0.018。$$

（7）木材顺纹受剪性质

木材顺纹受剪具有下列性质：

① 木材受剪破坏是突然发生的，具有脆性破坏的性质。在剪切破坏之前，应力与应变之间的关系一般符合正交三向异性材料的弹性变形规律。

② 根据单齿剪切的电算应力分析和试验表明，沿剪切面上剪应力的分布是不均匀的。剪切面上的平均剪切应力值与最大剪切应力值之间的关系见表 5-3。

表 5-3 平均剪应力 $\bar{\tau}$ 与最大剪应力 τ_{max} 的关系

l_v/h_c	5	6	7
$\bar{\tau}/\tau_{max}$	0.608	0.520	0.445

③ 剪切面上剪切应力 τ_{xy} 的分布状态，随构件的几何尺寸及木材的弹性模量而不同。

④ 刻齿深度与构件截面高度的比值越大，则木材平均剪切应力与最大剪切应力的比值越低。因此，减小刻槽深度可以提高木材的平均剪切强度，如表 5-4 所示。

表 5-4 刻齿深度对木材平均剪切强度的影响

h_c/h	1/3	1/4	1/5	1/6
$\bar{\tau}/\tau_{max}$	0.275	0.313	0.340	0.350
相对值	1.00	1.14	1.24	1.2

⑤ 受剪面上的着力点处有横向压紧力时，平均剪切强度较高；无横向压紧力时，由于产生横纹撕裂现象引起平均剪切强度降低。

（8）木材横纹承压性质

木材横纹承压（图 5-14）的特点是受力时变形较大、无明显的破坏特征，直到木材被压至很密实之后，荷载还可以继续增加而无法确定其最终的破坏值。因此，一般取比例极限值作为木材横纹承压的强度指标。

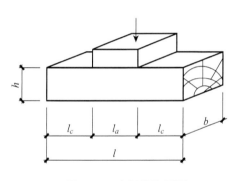

图5-14　木材横纹承压

木材横纹承压(图5-14)分为全表面承压和局部表面承压。其强度大小决定于承压面的长度 l_a 和非承压面的自由长度 l_c 的比值:当 $l_c/l_a=0$ 时,即为全表面承压,此时强度最低;当 $l_c/l_a=1$ 且 l_a 等于或小于试件高度 h 时,则为局部承压,此时强度最高;若比值 l_c/l_a 再增加,强度几乎保持不变。此外,当承压面位于试件一端且承压长度 l_a 为试件长度 l 的1/3时,木材横纹承压比例极限介于局部表面承压和全表面承压之间,一般可取二者的平均值。

2. 木材强度等级

承重结构用木材分为用于普通木结构的原木、方木和板材,胶合木,轻型木结构规格材三大类。用于普通木结构的原木、方木和板材的材性分为Ⅰa、Ⅱa和Ⅲa三级;胶合木结构的材质等级分为Ⅰb、Ⅱb和Ⅲb三级;对于轻型木结构规格材的材质等级按目测分为Ⅰc、Ⅱc、Ⅲc、Ⅳc、Ⅴc、Ⅵc和Ⅶc七级,按机械分为M10、M14、M18、M22、M26、M30、M35、M40八级。

普通的木结构用的原木、方木和板材分别按照《木结构设计规范》(GB 50005—2003)规定的缺陷限定,采用目测分等分成Ⅰa、Ⅱa和Ⅲa三级。这三个等级的材质的用途见表5-5所示。

表5-5　普通木结构构件的材质等级

项次	主要用途	材质等级
1	受拉或受弯构件	Ⅰa
2	受弯或受压构件	Ⅱa
3	受压构件及次要受弯构件	Ⅲa

普通木结构用木材,其树种的强度等级按表5-6和表5-7采用。

表5-6　针叶树种木材适用的强度等级

强度等级	组别	适　用　树　种
TC17	A	柏木　长叶松　湿地松　粗坯落叶松
	B	东北落叶松　欧洲赤松　欧洲落叶松
TC15	A	铁杉　油杉　太平洋海岸黄柏　花旗松-落叶松　西部铁杉　南方松
	B	鱼鳞云杉　西南云杉　南亚松
TC13	A	油松　新疆落叶松　云南松　马尾松　扭叶松　北美落叶松　海岸松
	B	红皮云杉　丽江云杉　樟子松　红松　西加云杉　俄罗斯红松　欧洲云杉　北美山地　云杉　北美短叶松
TC11	A	西北云杉　新疆云杉　北美黄松　云杉-松-冷杉　铁-冷杉　东部铁杉　杉木
	B	冷杉　速生杉木　速生马尾松　新西兰辐射松

表 5-7 阔叶树种木材适用的强度等级

强度等级	适 用 树 种
TB20	青冈 椆木 门格里斯木 卡普木 沉水稍克隆 绿心木 紫心木 李叶豆 塔特布木
TB17	栎木 达荷玛木 萨佩莱木 苦油树 毛罗藤黄
TB15	锥栗(栲木) 栎木 黄梅兰蒂 梅萨瓦木 水曲柳 红劳罗木
TB13	深红梅兰蒂 浅红梅兰蒂 白梅兰蒂 巴西红厚壳木
TB11	大叶椴 小叶椴

对尚未列入表 5-6、表 5-7 的进口木材,由出口国提供该木材的物理力学指标及主要材性,由木结构设计规范管理机构按规定的程序确定其等级。

主要承重构件应采用针叶材,重要木制连接件应采用细密、直纹、无节和无其他缺陷的耐腐蚀硬质阔叶材。表 5-6 和表 5-7 各强度等级木材的强度设计值和弹性模量按国家标准《木材物理力学实验方法总则》的清材小试件试验确定,具体数值见表 5-8。试验数据的含水率为 12%。

表 5-8 木材的强度设计值和弹性模量(N/mm²)

等级强度	组别	抗弯	顺纹抗压及承压	顺纹抗拉	顺纹抗剪	横纹承压 全表面	横纹承压 局部表面及齿面	横纹承压 拉力螺栓垫板下	弹性模量 E
TC17	A	17	16	10	1.7	2.2	3.5	4.6	10 000
	B		15	9.5	1.6				
TC15	A	15	13	9.0	1.6	2.1	3.1	4.2	10 000
	B		12	9.0	1.5				
TC13	A	13	12	8.5	1.5	1.9	2.9	3.8	10 000
	B		10	8.0	1.4				
TC11	A	11	10	7.5	1.4	1.8	2.7	3.6	10 000
	B		10	7.0	1.2				
TB20		20	18	12	2.8	4.2	6.3	8.4	9 000
TB17		17	16	11	2.4	3.8	5.7	7.6	12 000
TB15		15	14	10	2.0	3.1	4.7	6.2	11 000
TB13		13	12	9.0	1.4	2.4	3.6	4.8	8 000
TB11		11	10	8.0	1.3	2.1	3.2	4.1	7 000

3. 木材材料性能的影响因素

(1)含水率对木材强度的影响

木材是一种容易吸湿的材料,其含水率随环境变化而变化。木材含水率的变化会影响材料的强度,引起构件收缩或者膨胀,从而影响结构受力,产生裂缝,影响外观,严重时影响构件承载或正常使用。木材过湿还会引起腐烂。

木材强度主要来自于木材纤维。当木材处于纤维饱和点含水率以上时,木材含水率越低,纤维越干,材料强度就越高;当材料处于纤维饱和点含水率以下时,含水率变化不影响纤维中的含水状况,所以材料强度基本没有变化。

木材长期放置于一定的温度和一定的相对湿度的空气中,会达到相对的含水率,此时的木材含水率称为平衡含水率。当木材的实际含水率小于平衡含水率时,木材产生吸湿;当木材的实际含水率大于平衡含水率时,木材水分蒸发,称为解湿。

木材含水率变化会引起木材的膨胀或者收缩,但其值变化沿木材纵向以及沿断面的环向或者径向各不相同。在材料饱和含水率以下时,材料断面的环向与径向收缩率近似与含水率变化成线性比例关系,含水率降低得越低收缩值越大,两者相比沿环向的收缩量比沿径向变化更大;含水率变化对木材纵向尺寸几乎没有什么影响。各向不同的收缩率易引起木材的弯曲、翘曲,影响受力,甚至影响使用。

为避免含水率变化对材料带来不利影响,尽可能采用干燥的木材。所谓干燥的木材一般指其成品含水率达到一定值或以下。此时材料在环境条件下含水率变化较小。我国《木结构设计规范》(GB 50005—2003)对木材含水率的规定为:现场制作的原木或方木结构不应大于15%;板材和规格材不应大于20%;受拉构件的连接板不应大于18%;作为连接件不应大于15%;层板胶合木结构不应大于15%,且同一构件各层木板间的含水率差别不应大于5%。此外,在结构使用木材时先调查环境平均湿度,尽可能采用与环境湿度相近的原材料以减小含水率的变化。材料运输和使用过程中注意防护,避免太阳直射。

木材含水率在纤维饱和点以下时,含水率越高则强度越低。

木材顺纹受拉、受压、受弯及横纹承压,可按下列公式将试件含水率为 $W\%$ 时的强度 f_w 换算成含水率为12%时的强度 f_{12}:

$$f_{12} = f_w[1 + \alpha(W - 12)] \tag{5-10}$$

式中:W ——试验时试件的含水率数值,一般在9~15范围内;

α ——含水率换算系数,按表5-9采用。

表 5-9 含水率换算系数 α

受力性质	公式(5-10)中代替 f_{12} 的符号	公式(5-10)中代替 f_w 的符号	α 值	适用树种
顺纹受压强度	f_{c12}	f_{cw}	0.05	一切树种
弯曲强度	f_{m12}	f_{mw}	0.04	一切树种
弯曲弹性模量	E_{12}	E_w	0.015	一切树种
顺纹受剪强度	f_{v12}	f_{vw}	0.03	一切树种
顺纹受拉强度	f_{t12}	f_{tw}	0.015	阔叶树

受力性质	公式(5-10)中代替 f_{12} 的符号	公式(5-10)中代替 f_w 的符号	α 值	适用树种
横纹全表面承压比例极限值	$f_{c,90,12}$	$f_{c,90,w}$	0.045	一切树种
横纹局部表面承压比例极限值	$f_{c,90,12}$	$f_{c,90,w}$	0.045	一切树种
横纹承压弹性模量	$E_{90,12}$	$E_{90,w}$	0.055	一切树种

（2）温度对木材强度的影响

① 温度越高,则木材的强度越低。强度降低的程度与木材的含水率、温度值及其延续作用的时间等因素有关。

② 当温度不延续作用时,木材受热的温度不致改变其化学成分的条件(例如通常的气候条件),当温度降低时木材还能恢复其原来的强度。

③ 气干材受温度为 66 ℃延续作用一年或一年以上时,其强度降低到一定程度后即不会再降低,但当温度降低到正常温度时,其强度也不会再恢复。

④ 当温度达到 100 ℃以上时,木材才会开始分解为组成它的化学元素(碳、氢和氮)。当温度在 40~60 ℃长期作用时,也会产生缓慢的碳化,促使木材的化学成分逐渐改变。

⑤ 含水率较大的木材在高温作用下其强度的降低也较大,特别是在高温作用的头 2~4 天时间内,强度的降低格外显著。

⑥ 当温度长期作用时,木构件的所有部分将会获得与其环境相同的温度。但在通常气温条件下(例如在房屋中),木材周围的空气温度随季节不同而变动颇大。因此,木构件的温度不一定能达到周围空气的最高温度。

木材的温度和含水率对木材(松木)顺纹受压强度的影响列于表 5-10。

表 5-10　木材的温度和含水率对木材(松木)顺纹受压强度的影响

温度 t(℃)	含水率 W(%)							
	0	9	15	26	30	60	70	134
+100	135	51	35	—	23	16	—	—
+80	146	65	51	—	30	26	—	—
+60	161	79	68	—	37	35	—	—
+40	167	89	79	—	44	42	—	—
+25	181	103	96	—	51	51	—	—
+15	186	116	100	63	—	—	60	56
-2	198	134	110	89	—	—	80	76
-16	200	159	135	93	—	—	114	136

续表 5-10

温度 $t(\text{℃})$	含水率 $W(\%)$							
	0	9	15	26	30	60	70	134
−26	203	166	138	93	—	—	93	149
−42	202	173	149	101	—	—	150	149
−79	192	156	138	110	—	—	141	148

注:以 $W=15\%$,$t=15$ ℃时的木材顺纹受压强度为 100%。

（3）长期荷载对木材强度的影响

木材具有一个显著的特点,就是在荷载长期作用下木材强度会降低。所施加的荷载愈大,则木材能经受的时期愈短。为使结构荷载作用的时间无论多么长木材都不致破坏,木结构设计以木材的长期强度为依据。

木材的长期强度与瞬时强度的比值随木材的树种和受力性质而不同,一般约为:

顺纹受压 0.5～0.59;顺纹受拉 0.5。

静力弯曲 0.5～0.64;顺纹受剪 0.5～0.55。

（4）密度与木材强度的关系

木材强度与其密度之间存在着密切的关系,特别是同一树种的木材更为显著,其密度较大者强度必较高。表 5-11 中列出部分树种木材密度与其顺纹受压强度之间的关系。

表 5-11　木材密度与顺纹受压强度的关系

树种	产地	关系式	树种	产地	关系式
落叶松	东北	$f_{15} = 1\,191.75\rho_{15} - 209$	杉木	湖南	$f_{15} = 1\,455\rho_{15} - 151$
黄花落叶松	东北	$f_{15} = 1\,192.96\rho_{15} - 188$	杉木	福建	$f_{15} = 1\,119.34\rho_{15} - 43$
红松	东北	$f_{15} = 1\,067\rho_{15} - 151$	白桦	东北	$f_{15} = 832\rho_{15} - 63$
马尾松	福建	$f_{15} = 403.05\rho_{15} - 149.61$			

注:摘自中国林业科学研究报告"湖南、贵州所产杉木的物理力学性质"1957 年;"东北白桦、枫桦'水心材'物理力学性质的研究"1954 年;"东北兴安落叶松和长白落叶松木物理力学性质的研究"1957 年;"红松木材物理力学性质的研究"1958 年。

对于其他树种,当缺乏试验资料时可以近似按式(5-11)估计:

$$f_{15} = 854\rho_{15} \tag{5-11}$$

式中:f_{15}、ρ_{15}——分别为含水率为 15%时,木材的顺纹受压强度和密度。

（5）纹理方向及超微构造的影响

荷载作用线方向与纹理方向的关系是影响木材强度的最显著的因素之一。拉伸强度和压缩强度均为顺纹方向最大,横纹方向最小。当针对直纹理木材顺纹方向加载时,荷载与纹理方向间的夹角为 0°,木材强度最高。当此夹角由小至大变化(相当于不同角度的斜纹情况)时,木材强度和弹性模量将有规律地降低。斜纹时,冲击韧性受影响最显著,倾斜 5°时,降低 10%;倾斜 10°时,降低 50%。斜纹对抗拉和抗弯强度的影响较抗压强度要大,木材顺纹抗拉强度在斜度为 15°时即下降 50%。斜纹对抗压强度的影响随含水率、木材密度的变化而有所不同。当含水率增高或密度增大,木材顺纹、横纹抗压强度的差异程度减小,同时斜纹对抗压强度的影响也减小。

(6) 缺陷的影响

节子是结疤和纤维混乱等原因造成的,其结果是有节子的木材一旦受到外力作用,节子及节子周围产生应力集中,与同一比重的无节木材相比,表现出较小的弹性模量。

(7) 构件尺寸对木材性能的影响

构件截面越大、构件越长,则构件中包含缺陷(木节、斜纹等)的可能性越大。木节的存在减小了构件的有效截面,产生了局部纹理偏斜,并且有可能产生与木纹垂直的局部拉应力,从而降低了木材的强度。我国《木结构设计规范》中对规格材强度进行了尺寸调整。

(8) 系统效应对木材性能的影响

当结构中同类多根构件共同承受荷载时,木材强度可适当提高,这一提高作用可称为结构的系统效应。我国《木结构设计规范》体现在当 3 根以上搁栅存在且与面板可靠连接时,木格栅抗弯强度可提高 15%,即抗弯强度设计值 f_m 乘以共同作用系数 1.15。

5.2 木结构建筑抗震设计及构造措施

目前我国针对木结构建筑抗震的设计规范、规程主要有《建筑抗震设计规范》(GB 50011—2010)、《木结构设计规范》(GB 50005—2003)、《镇(乡)村建筑抗震技术规程》(JGJ 161—2008)等。《村镇木结构建筑抗震技术手册》是在结合《建筑抗震设计规范》和《镇(乡)村建筑抗震技术规程》的基础上,针对村镇建筑中绝大多数的木结构房屋,进行了深入的研究和调查,进一步细化了相关的条文和构造措施,能够方便村民自行查用。由于复杂应力状态下木材本构关系与破坏准则、蠕变与长期刚度计算、木复合材料的断裂理论、极限状态下木结构基本构件的弹塑性分析方法、多高层木结构的抗侧力体系及抗侧体系的延性设计方法等,均没有统一的设计计算标准,在进行工业化木结构单体设计时,有些参数指标需要通过试验获得。试验可参照 ASTM 美国材料与试验标准及《木结构试验方法标准》(GB/T 50329—2012)进行。

5.2.1 抗震一般规定

(1) 一般采用以概率理论为基础的极限状态设计法。

(2) 结构在规定的设计使用年限内应具有足够的可靠度。采用的房屋设基准期为 50 年,其设计使用年限、安全等级应参考《木结构设计规范》(GB 50005—2003)4.1 节的相关规定(表 5-12、表 5-13)。

表 5-12　木结构建筑的设计使用年限表

类别	设计使用年限	示　　例
1	5 年	临时性结构
2	25 年	易于替换的结构构件
3	50 年	普通房屋和一般构筑物
4	100 年	标志性建筑物和特别重要的建筑结构

表 5-13　木结构建筑的安全等级表

安全等级	破坏后果	建筑物类型
一级	很严重	重要的建筑
二级	严重	一般的建筑
三级	不严重	次要的建筑

（3）工业化木结构不应采用严重不规则的结构体系,并应符合下列规定(表 5-14):

① 结构应具有必要的承载能力、刚度和延性;

② 结构的竖向布置和水平布置应使结构具有合理的刚度和承载力分布,应避免因刚度和承载力局部突变或结构扭转效应而形成薄弱部位;对可能出现的薄弱部位,应采取有效的加强措施;

③ 应避免因结构部分的破坏或构件的破坏而导致整个结构丧失承受重力荷载、风荷载和地震作用的能力;

④ 应设置多道抗倒塌防线,以抵御地震、火灾或其他偶然荷载等引起的连续性倒塌。

表 5-14　木结构不规则结构类型表

序号	结构不规则类型	不规则定义
1	扭转不规则	楼层最大弹性水平位移或层间位移大于该楼层两端弹性水平位移或层间位移平均值的 1.2 倍
2	上下楼层抗侧力构件不连续	上下层抗侧力单元之间平面错位大于楼盖搁栅高度的 4 倍或大于 1.2 m
3	楼层抗侧力突变	抗侧力结构的层间抗剪承载力小于相邻上一楼层的 65%

（4）木结构建筑的水平层间位移不宜超过结构层高的 1/250。

（5）工业化木结构应采取可靠措施,防止木构件腐朽或被虫蛀,应确保达到设计使用年限。

（6）承重结构用胶必须满足结合部位的强度和耐久性的要求,应保证其胶合强度不低于木材顺纹抗剪和横纹抗拉的强度,并应符合环境保护的要求。

5.2.2　抗震计算方法

对工业化村镇木结构进行地震作用的计算时,可采用底部剪力法进行计算。

结构的水平地震作用标准值应按式(5-12)计算：

$$F_{EK} = 0.72\alpha_1 G_{eq} \tag{5-12}$$

式中：α_1 ——相应于结构基本自振周期的水平地震影响系数，应按现行国家标准《建筑抗震设计规范》的规定确定；

G_{eq} ——结构等效总重力荷载；对于单层坡屋顶建筑取 $1.15G_E$（G_E 为结构总重力荷载代表值）；对于单层平屋顶建筑取 $1.0G_E$；对于多层建筑取 $0.85G_E$。

结构基本自振周期宜根据实测值确定；当建筑平面规则，以木构架承重，且柱全高不超过 20 m 时，其结构基本自振周期 T_1 应按下列公式确定：

(1) 横向基本自振周期：$T_1 = 0.05 + 0.075H$

(2) 纵向基本自振周期：$T_1 = 0.07 + 0.072H$

式中：H ——柱高：对于单层和多层采用通高柱的建筑，以及采用叠层柱且首层无附属建筑物的多层建筑，H 为首层室内地坪到大梁底部的高度；对于采用叠层柱，且首层有刚度较大的附属建筑物的多层建筑，H 为室内地坪到二层楼面的高度。

结构分析模型应根据结构实际情况确定，所选取的分析模型应能准确反映结构中各构件的实际受力状态，连接节点的假定应符合结构实际采用的节点形式。对结构分析软件的计算结果，应进行分析判断，确认其合理有效后方可作为工程设计依据。若无可靠的理论和依据，则宜采用试验和专家评审会的方式做专题研究后确定。

5.2.3　工业化木结构设计

1. 构件设计

工业化木结构建筑物构件的安全等级，不应低于结构的安全等级，其承载能力应采用下列公式验算：

(1) 持久设计状况、短暂设计状况

$$\gamma_0 S_d \leqslant R_d \tag{5-13}$$

(2) 地震设计状况

$$S_d \leqslant R_d / \gamma_{RE} \tag{5-14}$$

式中：γ_0 ——结构重要性系数；按现行国家标准《建筑结构可靠性设计统一标准》（GB 50068）相关规定确定；

γ_{RE} ——承载力抗震调整系数；多高层木结构梁、柱、板等构件及连接应取 0.8；

S_d ——承载能力极限状态的荷载组合的效应设计值；按现行国家标准《建筑结构荷载规范》（GB 50009—2012）进行计算；

R_d ——构件的承载力设计值。

对正常使用极限状态，结构构件应按荷载效应的标准组合，采用式(5-15)验算：

$$S_d \leqslant C \tag{5-15}$$

式中：S_d——正常使用极限状态荷载组合的效应设计值；

$\quad\quad C$——根据结构构件正常使用要求规定的变形限值。

工业化木结构采用的各种受力状况下的木构件、木楼盖、木屋盖以及木剪力墙，均应按现行国家标准《木结构设计规范》(GB 50005—2003)的有关规定进行验算。三层以上轻型木结构楼盖、屋盖以及剪力墙抗侧力均应按工程设计方法设计。

组合木结构中的钢构件或混凝土构件的设计应遵守相应的国家标准《钢结构设计规范》(GB 50017—2003)或《混凝土结构设计规范》(GB 50010—2010)的规定。

2. 连接设计

工业化木结构的节点连接，可根据不同木结构材料、不同结构体系和不同受力部位采用不同连接形式。采用销轴类紧固件连接的主要连接形式可分为钢插板、钢夹板和钢贴板。

节点设计应遵循下列原则：

(1) 节点构造应便于制作、安装，并应使结构受力简单、传力明确；

(2) 连接件在节点上宜对称排列；

(3) 节点连接宜采用横纹承压形式，不宜横纹受拉；

(4) 节点连接应有足够的强度；

(5) 节点连接应具有一定的延性。

销轴类紧固件连接和齿板连接应符合现行国家标准《木结构设计规范》(GB 50005—2003)的有关规定。承压螺栓的截面应按式(5-16)验算：

$$\frac{N_t}{A_e} \leqslant f_t^b \tag{5-16}$$

式中：N_t——螺栓轴向拉力设计值(N)；

$\quad\quad A_e$——螺栓的有效截面面积(mm²)；

$\quad\quad f_t^b$——普通螺栓的抗拉强度设计值(N/mm²)。

螺栓钢垫板的面积应按下列公式计算：

垫板面积：

$$A = \frac{N_t}{f_{c,90}} \tag{5-17}$$

方形垫板厚度：

$$t = \frac{1}{2}\sqrt{\frac{3N_t}{f}} \tag{5-18}$$

式中：$f_{c,90}$——木材横纹承压强度设计值(N/mm²)；

$\quad\quad f$——钢材抗弯强度设计值(N/mm²)。

承压螺栓钢垫板最小尺寸应符合下列规定：

① 钢垫板厚度不应小于 $0.3d$，d 为螺栓直径；

② 正方形垫板的边长或圆形垫板的直径分别不应小于 3.5d 或 4d，d 为螺栓直径。

当木剪力墙边界构件出现上拔力时，该边界构件与下层剪力墙的边界构件或下部基础应采用抗拔锚固件连接，抗拔锚固件按剪力墙边界构件的拉力设计值进行设计。

木框架梁和柱的安装单元划分应根据构件运输和安装条件确定，中间层梁柱拼接点宜设于梁柱交汇处，可采用钢节点连接，如图 5-15 所示。

木框架梁可采用 U 形钢板焊接连接件连接于柱顶(图 5-16(a))；也有用钢板焊接连接件挂于梁侧(图 5-16(b))。当采用带有悬臂段的梁段时，应使该梁段内侧的接头处于内力较小的位置(图 5-16(c))，并能便于支撑设置，满足运输要求。

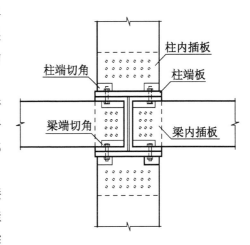

图 5-15　梁柱连接节点

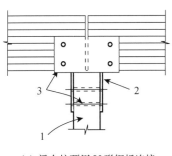

（a）梁在柱顶用 U 形钢板连接

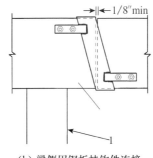

（b）梁侧用钢板挂钩件连接

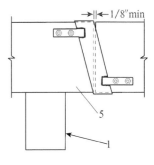

（c）悬臂梁端的连接

图 5-16　梁在柱顶或梁侧的连接

1—木柱；2—钢板焊接连接件；3—螺栓；4—次梁金属挂件；5—梁金属连接件

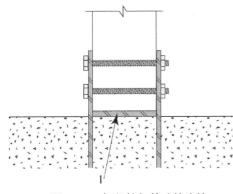

图 5-17　框架柱与基础的连接

1—金属底板

木框架柱与基础应保持紧密接触，并有可靠锚固。柱与基础可采用预埋钢板用螺栓连接(图5-17)，钢板材料、尺寸以及螺栓数量、直径应按计算确定。同一连接部位螺栓不应少于 2 个，螺栓直径不应小于 12 mm。

正交胶合木剪力墙和楼屋盖与相邻构件、板件及基础等连接的连接件，应有一定的延性和变形能力，不发生脆性破坏。设计正交胶合木剪力墙与下部基础或楼面的连接应具有足够的抗剪承载力和抗拔承载力。

5.2.4　工业化木结构抗震构造措施

工业化木结构建筑的抗震性能较传统材料建筑及传统木结构优异,但是在地震作用下,工业化木结构建筑仍然会出现损坏乃至破坏。因此对于不同震害情况,需要采取相应的抗震加固措施来提高其抗震性能。

工业化木结构建筑的抗震设计技术从理论到实践都才刚刚起步。目前,国内外还没有明确的设计理论和技术要求。因此在进行工业化木结构建筑抗震设计时应根据具体条件进行有限元模型分析,必要时应参照 ASTM 及《木结构试验方法标准》对结构构件的足尺或缩尺模型进行针对性试验研究。基于《建筑结构抗震规范》和《木结构设计规范》,进行木结构建筑抗震设计时应参照一定的设计原则。

(1)工业化木结构建筑的构造尚应符合《木结构设计规范》(GB 50005—2003)和《胶合木结构技术规范》(GB/T 50708—2012)的有关规定。

(2)工业化木结构的抗震设计应考虑构件因含水率变化所引起的构件尺寸的变化,应避免使用中因木材湿胀干缩、蠕变和局部应力过大引起的其他问题。

(3)工业化木构件连接中应避免产生横纹受拉现象,多个紧固件不宜沿顺纹方向布置成单排。

(4)工业化木结构的构件设计、连接设计和结构体系选择应符合耐久性的要求。

1. 维护墙体抗震构造措施

地震作用下墙体的倒塌往往会导致人员伤亡。维护墙与柱之间拉结强度不足时,应增加可靠拉结措施,改善墙体的性能。针对不同维护墙体类型及墙体位置,具体抗震措施各不相同,减轻墙体的震害应遵循以下几个原则:减轻墙体自重、增加墙体整体性、加强墙体与构件之间的连接使两者能够协同工作。

2. 屋面抗震构造措施

木结构建筑的屋面是结构抗震的薄弱环节之一,在地震作用下屋面破坏的通常表现为屋面倒塌坍塌、屋面与墙体及木柱的剥离等。因此,屋面的抗震加固主要通过减轻屋面自重、加强屋面与其他构件的连接来实现。

(1)减轻屋面自重

地震中重屋盖房屋比轻屋盖房屋的破坏严重,所以屋顶应选用轻质材料做屋面。

(2)加强屋面与其他构件的连接

根据《建筑抗震设计规范》(GB 50022—2010)的相关要求,对于木结构建筑,屋面与梁、柱、维护墙等都应有可靠的连接,如果不考虑结构的抗震,其自身的合理、可靠的连接可以保证结构的安全性能。因此,屋面与其他结构构件连接的抗震加固必不可少。一般在屋面与梁、柱之间架设支撑,包括剪刀撑、斜撑、连杆支撑等;屋面屋架与柱、柱顶与檩条一般会加强节点连接,主要是通过钢板进行加固;屋面与内隔墙可以采取木夹板或者铁件连接方法进行加固,木夹板护墙起到有效约束内隔墙墙顶平面外位移、防止内隔墙因过大的平面外变形而破坏的作用。

3. 结构构件抗震构造措施

木构件的加固主要是通过加强各构件节点的可靠连接来提高建筑的抗震能力。木构件主要包括梁、柱、剪力墙等。一般来说,木梁在结构中属于重要的传力构件,保证其合适的尺寸既可以承受楼、屋面荷载,又可以保证自身的刚度和强度,有利于提高建筑的抗震能力。木梁与其他构件的连接加固主要是通过节点的连接。通常木梁与柱应对节点部位进行加固处理,并且采用斜撑连接牢固,以提高构件的整体承载能力;梁与维护外墙的连接进行加固处理的目的是防止出现墙体倾斜外塌;另外,在木梁的底部附加扁钢,或者在支座处附加环箍可以起到较好的抗震作用。

柱作为木结构的主要承重构件,其抗震要求比较高。地震作用下柱的破坏主要表现为柱开裂、折断、节点脱节及柱脚滑移等。对木柱而言,增强承载力性能可以提高结构的抗震能力,而利用增大截面法是增强其承载力性能的主要方法。常用的增大截面法主要是用于原构件材料相同的竹或木材进行加固,也可以用钢材和混凝土外包加固。新加部分与原构件的连接可以采用螺栓、钉、U 形铁以及辅助胶黏的方法。

5.3 村镇木结构建筑抗震性能增强

5.3.1 木结构建筑节点抗震性能增强

在传统的村镇木结构中,人们大都采用榫卯连接方式来作为基本构件的连接节点,为半刚性连接。榫头的力学性能受建筑材料性质的影响,如木材各向异性、顺纹受力强度高、横纹受力强度低等因素。由于榫卯结构对其本身有着大的削弱,从而在地震中成为薄弱部位,易发生破坏。

碳纤维作为一种新兴的高强材料,近年来在土木工程领域中的应用研究得到了迅速发展。与传统加固方法相比,碳纤维加固方法具有高效、施工便捷、工期短、对原构件尺寸影响小等优点,尤其近些年来,碳纤维在古代木结构建筑加固中得到应用,其加固后的抗震性能也逐渐开始受到人们的关注。除碳纤维加固以外,U 形扁铁加固法、角钢加固法以及弧形钢板加固法都是榫卯节点加固的常用方法。

虽然传统的加固方式简单方便,但随着近年来木结构体系的逐渐完善,木结构整体刚度增加,其受到的地震力也随之增大,并且这些加固方式在限制榫卯间相对位移的同时,结构的耗能能力也有所下降。可以采用专用的设计节点来提高整体结构的抗震性能,例如使用依照一定设计的钢板作为套筒套在木结构建筑的节点处以增强节点的耗能性能,从而达到提高节点处抗震性能的目的。有关这类节点的研究目前正在进行当中。

5.3.2 砖木结构抗震性能增强

砖木结构在我国广大农村和乡镇普遍采用,西部地震高发地区的农村也可见到,但因经济状况差,数量较少。砖木结构房屋可分为砖墙承重房屋、木构架承重砖围护墙房屋和木构架与砖墙混合承重房屋。

乡镇砖木结构房屋在抗震方面存在的主要问题是：

（1）砌筑砂浆强度低。调查表明，农村中大多数房屋墙体砂浆强度在 M0.4～M1.5 之间，远低于砖的强度。地震时墙体产生开裂破坏，墙面出现与水平线呈 45°的斜裂缝或交叉斜裂缝，且主要是沿灰缝开裂。

（2）纵横墙（内外墙）连接不牢。没有同时咬槎砌筑（如施工时留马牙槎），无拉结措施等。在水平地震作用下外墙拉脱外闪。

（3）屋盖与墙体无连接。如大梁与墙体无连接，尤其是檩条与山墙去锚固措施，山墙外闪使屋架塌落。

（4）房屋整体性差。如不设置圈梁。

传统木结构建筑建造时的顺序是先立木柱，然后架梁、盖屋顶，最后砌筑砖墙。墙体是围护构件，不承受屋盖重量，所以有"墙倒柱不倒""房倒柱不塌"的说法，说的就是传统木结构建筑的特点。

砌筑时，围护墙体应砌筑在木柱外侧，不宜将木柱全部包入墙体中，墙体砌筑在木柱外侧可以避免墙体向内倒塌伤人，并且便于对木柱的情况进行检查。墙体与木构架间应设有拉结措施：

（1）砌筑纵横墙交接处沿高度设置 2@6 拉结钢筋或 4@200 拉结钢丝的网片。

（2）木结构的围护墙在圈梁处与木柱拉结。采用墙揽与木构架拉结。山墙是地震中的薄弱部位，在没有连接的情况下，山墙容易发生外闪等破坏，采用竖向布置的与屋架连接的墙揽，可以约束山墙平面外的变形。

（3）内隔墙墙顶应与梁或屋架下弦拉结。内隔墙是非承重墙，顶部不承受楼、屋面荷载，墙顶是自由端，地震时如果墙顶没有约束，容易产生平面外变形，导致墙体的破坏甚至倒塌。

历次震害表明，设有圈梁房屋的震害相对未设置圈梁的房屋要轻得多，设置圈梁是增强房屋整体性和抗倒塌能力的有效措施，作用十分明显。圈梁可以有效加强房屋整体性，增强房屋刚度，并且可以使墙体受力均匀，对墙体起到约束作用，提高墙体的抗震承载力。圈梁一般可采用配筋砖圈梁、配筋砂浆和木圈梁等，圈梁的设置位置应考虑能切实提高墙体的整体性，有效约束墙体。一般圈梁的设置位置如下：

（1）所有纵横墙的基础顶部、每层楼、屋盖（墙顶）标高处。

（2）当空斗墙房屋抗震设防烈度为 8 度或者木结构房屋抗震设防烈度为 9 度时，尚应在层高的中部设置圈梁。

房屋的纵横墙连接处如墙体转角和内外墙交接处是抗震的薄弱部位，刚度大，应力集中，尤其是房屋的四角还承受地震的扭转作用，其地震破坏更为严重。我国大部分地区的木结构基本不进行抗震设防，房屋墙体在转角处缺少有效的拉结，纵横墙体连接不牢固。在转角处加设水平拉结筋可以加强转角处和内外墙交接处墙体的连接，约束该部位墙体，减轻地震时的破坏。

5.4 工业化木结构建筑施工工艺

工业化木结构构件加工制作时,应对加工区、胶合区以及储存区的空气温度和相对湿度采用自动记录仪进行连续监测;构件生产区域的最低温度应不低于 15 ℃,相对湿度应满足所使用胶黏剂的技术要求。木构件制作所使用的原材料,应符合现行国家标准《木结构设计规范》(GB 50005—2003)对木材、胶黏剂、连接件、增强材料和防护材料的相关规定。

工业化木结构工程应按设计文件施工,并应符合现行国家标准《木结构工程施工质量验收规范》(GB 50206—2012)对各项质量的规定。设计文件应符合施工图审查的规定。工程中使用的承重结构用材应按现行国家标准《木结构设计规范》(GB 50005—2003)、《木结构工程施工质量验收规范》(GB 50206—2012)和《结构用集成材》(GB/T 26899—2011)中有关规定进行材料强度、层板指接强度和胶缝完整性检验。用于受弯构件的层板胶合木还应进行足尺构件抗弯性能检验,其强度等级、胶缝完整性和抗弯性能应符合设计文件和上述国家标准的规定。进口木材、木产品、构配件以及金属连接件等,应有产地国的产品合格证书和产品标识,并应符合合同技术条款的规定。

5.4.1 基础工程

基础形式及基础地面尺寸应根据地质条件、上部荷载大小、周围环境条件并结合使用要求等综合考虑确定。基础埋置深度应由基础的类型和构造、工程地质和水文地质条件、相邻建筑物基础的埋置深度等确定。在满足地基承载力和变形的前提下,基础宜浅埋,利用表层土作为持力层。当天然地基遇有不良土质不能满足地基承载力和变形要求,或需要利用冲填土、杂填土作为地基持力层时,地基应加强处理。同一结构单元应采用同一种地基处理方法。

建筑物基础一般采用钢筋混凝土条形基础,也可以采用刚性条形基础,需要时可以采用筏形基础或桩基。基础的设计与构造应满足国家现行标准《建筑地基基础设计规范》(GB 50007—2011)和《混凝土结构设计规范》(GB 50010—2010)的相关规定。

木结构房屋的地基施工过程与普通混凝土结构基础施工类似,在细节方面唯一的不同是木结构房屋的基础上需要预埋地脚螺栓,或采用后装植筋。在通风不良的湿热条件下,木材易发生霉变和腐烂,因此,木结构房屋底层楼盖建议采用架空的形式,架空层内应有足够的空间以供进出、维修操作,空间爬行高度通常为 0.6 m。与基础直接连接的柱和墙体设置防水、防潮层。此外,基础安装时应当在建筑物的角部或主要边缘装有锚固件,以提高建筑物在风荷载或地震作用下的抗倾覆能力。

5.4.2 主体工程

工业化木结构施工安装应制订相应的施工方案,并应经监理单位核定后施工。结构主要受力构件、节点应在构件出厂前应进行预拼装,次要构件、节点宜进行预拼装。构件吊装时应符合下列规定：

（1）对于已进行拼装的构件，应根据结构形式和跨度确定吊点，经试吊证明结构具有足够的刚度方可开始吊装；

（2）对刚度较差的构件，应根据其在提升时的受力情况采用附加构件进行加固；

（3）构件吊装就位时，应使其拼装部位对准预设部位垂直落下；校正构件安装轴线位置后初步校正构件垂直并紧固连接节点；

（4）正交胶合木墙板吊装时，宜采用专用吊绳和固定装置，移动时采用锁扣扣紧。

柱的安装应先调整标高，再调整水平位移，最后调整垂直偏差，柱的标高、位移、垂直偏差应符合设计要求。调整柱垂直度的缆风绳或支撑夹板，应在柱起吊前在地面绑扎好。安装柱与柱之间的主梁构件时，应对柱的垂直度进行监测。除监测梁的两端柱子的垂直度变化外，还应监测相邻各柱因梁连接影响而产生的垂直度变化。工业化木结构建筑结构安装中应考虑竖向构件的压缩变形，木结构与其他结构形式进行水平混合时，连接部位宜采用竖向可滑移的连接装置。

木梁支承长度除应符合设计文件的规定外，不应小于梁宽和 120 mm 中的较大值，偏差不应超过 ±3 mm，梁的间距偏差不应超过 ±6 mm，水平度偏差不应大于跨度的 1/200，梁顶标高偏差不应超过 ±5 mm，不应在梁底切口调整标高。工业化木结构建筑中木剪力墙体的安装，宜符合国家相关标准的规定。

木结构螺栓节点连接，应符合下列规定：

（1）木结构的各构件结合处应密合，未贴紧的局部间隙不得超过 5 mm，不得有通透缝隙，不得用木楔、金属板等塞填接头的不密合处。

（2）用木夹板连接的接头钻孔时应将各部分定位并临时固定一次钻通。当采用钢夹板不能一次钻通时应采取措施，保证各部件对应孔的位置大小一致。

（3）除设计文件规定外，螺栓垫板的厚度不应小于螺栓直径的 0.3 倍，方形垫板边长或圆垫板直径不应小于螺栓直径的 3.5 倍，拧紧螺帽后螺杆外露长度不应小于螺栓直径的 0.8 倍。

（4）螺栓中心位置在进孔处的偏差不应大于螺栓直径的 0.2 倍，出孔处顺木纹方向不应大于螺栓直径的 1.0 倍，垂直木纹方向不应大于螺栓直径的 0.5 倍，且不应大于连接板宽度的 1/25。螺帽拧紧后各构件应紧密结合，局部缝隙不应大于 1 mm。

（5）钻头直径应与螺杆或拉杆的直径配套。受剪螺栓的孔径不应大于螺栓直径 1 mm，不受剪螺栓的孔径可较螺栓大 2 mm。

（6）混凝土结构与木结构之间宜采用金属连接件过渡连接，施工时，混凝土中宜预埋定位螺杆便于安装位置调整。

金属连接件在构件上的固定位置应采取防止木构件因湿胀干缩和受力变形引起木材横纹受拉撕裂的措施。

木结构植筋节点连接，应符合下列规定：

（1）植筋用钢筋或螺杆应进行除锈处理，除锈时不得使螺牙或者钢筋肋受损；

（2）构件植筋孔宜比钢筋或螺杆大 4～6 mm，注胶时植筋孔内不应有气泡；

（3）植筋锚固长度不宜小于 20d。

剪板连接所用的剪板的规格应符合设计文件的规定，螺栓或螺钉孔的直径与剪板螺栓孔之差不应大于 1.5 mm。

一层的所有木构件安装完毕，并对结构验收合格后，对木构件进行现场的二次涂刷，涂刷应采用与构件制作相同的涂料和相同的涂刷工艺。管线穿越木构件时，开洞应在防护处理前完成；防护处理后必须开孔洞时，开孔洞后应用喷涂法补做防护处理。层板胶合木构件，开孔洞后应立即用防水材料密封。木构件与砌体、混凝土的接触处以及支座垫木应做防腐处理。

工业化木结构建筑施工除应符合《木结构设计规范》（GB 50005—2003）的规定外，尚应符合现行国家标准《木结构工程施工规范》（GB/T 50772）的相关规定。

5.4.3　楼盖工程

工业化木结构房屋的楼盖通常由搁栅、楼面板、剪刀撑以及顶棚组成。当房屋净跨较大，常用的矩形规格搁栅无法满足承重要求时，也可以采用工字梁、箱形梁或平行弦桁架。楼盖施工一般采用先梁后板，先主梁后次梁的次序进行。覆面板边缘与搁栅的钉采用间距为 150 mm、长 50 mm 的普通圆钉或麻花钉或长 45 mm 的螺旋圆钉，内支座的间距为 300 mm。次梁与主梁通过其他连接件连接，覆面板铺设时，其长度方向通常垂直于次梁，相邻板材的拼缝位于梁上且必须错缝。为有效减小活荷载所引起的嘎吱声，可以在覆面板和竹梁之间涂刷弹性胶，这无疑也能够增大楼层的整体刚度。

楼屋盖常需开洞口让设备穿越或者安装楼梯等，当开孔周围与搁栅平行的封边搁栅长度超过 1.2 m 时，封边搁栅应为两根；当封头搁栅长度超过 2.0 m 时，封边搁栅的截面尺寸应由计算确定。开孔四周的封头搁栅及被开孔切断的搁栅，当依靠楼板搁栅支承时，应选用合适的金属连接件或采用其他可靠的连接方式。平行于搁栅的非承重墙，应放置于搁栅或搁栅间的横撑上。对于垂直于搁栅的非承重内墙，距搁栅支座的距离不大于 900 mm；对于垂直于搁栅的承重墙，距搁栅支座的距离不大于 600 mm。当搁栅的放置方向垂直于承重墙时，在承重墙下的搁栅间应增设挡块支撑，墙骨柱应尽可能位于挡块支撑之上。平行于搁栅的承重墙，其下方应加设 2 根或 2 根以上搁栅，形成组合大梁，搁栅梁下面如有支撑墙体，且与其平行时，该搁栅可单根布置。

5.4.4　屋盖工程

木屋盖轻质高强的性能使其适用于大跨度建筑结构，其水平横隔设计的使用相比于传统木结构更具灵活性。目前，对于工业化木结构房屋的系统研究仍处于起步阶段，木屋盖的基本性能需要结合试验研究和实际工程来具体分析。

屋盖结构分析方法一般可以采用两种主要的分析方法，一种是基于单榀屋盖的二维分析方法，另一种是系统分析方法。基于单榀屋盖的二维分析方法是将各屋盖单独按二维单元来分析,所受恒荷载和可变荷载仍按所受荷载面积计算;系统分析方法是充分考虑桁架体系中的荷载分配效应,相对于二维分析方法,系统分析方法更符合桁架实际受力情况。目前的竹屋盖分析方法都是基于单个构件设计,并未考虑到屋架体系的系统效应。

屋架一般为平面桁架,它承受作用于屋盖结构平面内的荷载,并把这些荷载传递至下部结构,是房屋的重要受力构件之一。木桁架屋盖以木桁架作为屋盖搁栅梁,将其按一定间距置于承重墙或主梁上并覆盖以屋面板而形成屋盖。木桁架屋盖系统的施工通常都是采用工厂预制再运输至工地安装的方法,因其施工速度快而被大量使用在竹结构房屋的建造中。木结构屋架节点一般都是采用钢或木连接板,金属板、木连接板成对布置。通常都是先安装山墙两端的屋架,从山墙往中部一次安装其他屋架。各榀屋架在定位的过程中,需要设置尺寸不小于 40 mm×60 mm 的木方作为临时或永久支撑,安装过程中必须始终保证屋架的垂直。

屋面板铺设时,其长度方向垂直于屋架上弦。为使屋盖体系作为主要的水平抗侧力构件获得更好的水平抗侧能力,面板端部接缝应位于屋架的上弦杆或水平横撑上且错缝,板边缘间预留 2~3 mm 的空隙,以防止潮湿天气中板材在细微膨胀时发生弯曲。若覆面板的厚度小于 10 mm,可由 50 mm 长的麻花钉或普通圆钢钉、40 mm 长的 U 形钉或 45 mm长的螺钉将覆面板和屋架钉接。若覆面板的厚度为 10~20 mm,可采用50 mm长的麻花钉或普通圆钉、50 mm 长的 U 形钉或 45 mm 长的螺钉将屋面板和屋架钉接。若覆面板的厚度大于 20 mm 时,可采用 60 mm 长的普通圆钢钉或麻花钉、50 mm 长的螺钉将屋面板与屋架钉接。一般而言,在板边缘的钉子间距为 150 mm,在中间支座上的钉子间距为300 mm。钉距离面板边缘不小于 10 mm,钉头也不应过度钉入覆面板内。

5.4.5　防火工程

木结构防火设计的目的是为了限制建筑物由于火灾导致该建筑物或相邻建筑物遭受破坏的可能性。在极易引起火灾危险的条件下,或者在受生产性高温影响,木材表面温度高于 50 ℃的条件下,不应使用木结构建筑。木结构建筑的防火设计,应按照本节规定执行。本节未规定的应遵照《建筑设计防火规范》(GB 50016—2014)的规定执行。

木结构建筑应根据其使用性质、火灾危险性、疏散效果以及扑救难度等情况进行分类(表 5-15)。

表 5-15　木结构建筑分类

序号	建筑名称	一类建筑	二类建筑
1	居住建筑	高级住宅	居民住宅
2	公共建筑	用于旅馆、度假、展览、纪念、体育及聚会的建筑;关、管失去自由人员或临时处置、治疗精神失控、体力失常、生活不能自理人员的建筑	行政、商务办公、写字楼(可包含会议、休憩、阅览功能)的建筑;具有观赏艺术价值的建筑
3	工业建筑	无明火作业、无易爆品的单层厂房	
4	仓库建筑	储存无易爆品的三层建筑	储存无易爆品的单层建筑

一、木材、竹材防火剂及防火处理方法

1. 木材、竹材防火剂

目前广泛使用的防火剂多为无机化合物,用作这类防火剂的无机化合物主要有磷酸氢二铵、硫酸铵、氯化氢、硼砂、硼酸和三氧化二锑等。磷酸氢二铵和硫酸铵抑制燃烧效果好;硼酸防止灼热很有效,但抑制燃烧较差;硼酸与硼砂混合能抑制燃烧。由于各种化合物具有不同的特性,故采用多种化合的复合物作为防火剂往往效果最好。硅酸钠(水玻璃)常用作防火涂料的主要成分,并加入惰性材料混合使用。以脲醛树脂和磷酸铵为基础的混合物,也常用作防火涂料。

2. 化学防火处理方法

防火剂浸渍处理:常用压力浸注法,对容易浸注的木材、竹材,也可以采用热冷槽法浸注。

表面涂覆处理:多用于提高已建成的木结构的防火能力。

3. 防火剂的选用

选用防火剂时,应根据现行《建筑设计防火规范》的规定和设计要求,按建筑物耐火等级对竹构件耐火极限的要求,确定所采用的防火剂。如采用防火浸渍剂,则应依此确定浸渍的等级(表 5-16)。

表 5-16　木材防火浸渍剂的特性和用途表

编号	名称	配方组成		特性	适用范围	处理范围
1	铵氟合剂	磷酸铵	27	空气相对湿度超过 80% 时易吸湿,降低材料强度 10%~15%	不受潮木结构	加压浸渍
		硫酸铵	62			
		氟化钠	11			
2	氨基树脂 1384 型	甲醛	46	空气相对湿度在 100% 以下,温度为 25 ℃时,不吸湿,不降低木材强度	不受潮细木制品	加压浸渍
		尿素	4			
		双氰胺	18			
		磷酸	32			
3	氨基树脂 OP144 型	甲醛	26	空气相对湿度在 85% 以下,温度为 20 ℃时,不吸湿,不降低木材强度	不受潮细木制品	加压浸渍
		尿素	5			
		双氰胺	7			
		磷酸	28			
		氨水	34			

防火涂料丙烯酸乳胶涂料,每平方米的用量不得少于 0.5 kg,这种涂料无抗水性,可用于顶棚、屋架。经过试验,且经消防部门鉴定合格、批准生产的其他防火涂料亦允许采用,其用量应按该种涂料的使用说明要求执行。对于露天结构或易受潮的构件,经防火处理后尚应加防水保护层。

二、布局布置与建筑构造

在进行总平面设计时,应根据城市规划,合理确定木结构建筑的位置、防火间距、消防车道和消防水源等。木结构不宜布置在火灾危险性为甲、乙类长(库)房,甲、乙、丙类液体和可燃气体储罐以及可燃材料堆场附近。厂房、库房火灾危险性分类和甲、乙、丙类液体的划分应按现行的国家标准《建筑设计防火规范》的有关规定执行。燃油、燃气的锅炉,直燃型溴化锂冷(热)水机组,可燃油油浸电力变压器,充电可燃油的高压电容器,柴油发电机和多油开关等不宜设置在木结构建筑之内。

1. 防火间距

木结构建筑之间、木结构建筑与其他防火等级建筑之间的防火间距应参照木结构相关要求,不应小于表 5-17 的规定。

两座木结构建筑之间、木结构建筑与其他结构建筑之间的外墙均无任何门窗洞口时,其防火间距不应小于 4 m;两座竹结构之间、木结构与其他防火等级的建筑之间,外墙的门窗洞口面积之和不超过该墙面积的 10%时,其防火间距不应小于表 5-18 的规定。

表 5-17　木结构建筑的防火间距(m)

建筑种类	一、二级建筑	三级建筑	木结构建筑	四级建筑
木结构建筑	8.00	9.00	10.00	11.00

表 5-18　外墙开洞率小于 10%时的防火间距(m)

建筑种类	一、二、三级建筑	木结构建筑	四级建筑
木结构建筑	5.00	6.00	7.00

2. 防火、防烟分区,建筑层数、长度和面积

木结构建筑不应超过三层。不同层数建筑最大允许长度和防火分区面积不应超过表 5-19 的规定。

表 5-19　木结构建筑的层数、长度和面积

层数	最大允许长度(m)	最大允许面积(m²)
单层	100	1 200
两层	80	900
三层	60	600

3. 消防车道

木结构建筑的周围应设环形消防车道。当环形消防车道有困难时,可沿建筑物的两个长边设置消防车道;当建筑物的长边超过 100 m 时,其任意一段必须留有不小于 4 m 宽的消防车道。

四合院式木结构建筑的内院应设置保证消防车能够进入的不小于 4 m 宽的车道,且其院内的最短边长不应小于 15 m。四合院内的地面(含阴沟、管道盖板)的任何部位均应

保证能够承受消防车的压力。

4. 车库

居住单元之间的隔墙不宜直接开设门窗洞口,确有困难时,可开启一樘单门,但应符合下列规定:

(1) 与机动车库直接相通的房间不应设计为卧室;

(2) 隔墙的耐火极限不应低于 1.0 h;

(3) 门的耐火极限不应低于 0.6 h;

(4) 门上应装有无定位自动闭门器;

(5) 车库总面积不宜超过 60 m²。

5. 采暖通风

木结构建筑内严禁设计使用明火采暖、明火生产作业等方面的设施;用于采暖或炊事的烟道、烟囱、火坑等应采用非金属不燃材料制作,并符合下列规定:

(1) 与木构件相邻部位的壁厚不小于 240 mm;

(2) 木构件之间的净距不小于 120 mm,且其周围具备良好的通风环境。

6. 天窗

由不同高度部分组成的木结构建筑,较低部分屋面上开设的大窗与相接的较高部分外墙上的门、窗、洞口之间最小距离不应小于 5 m。当符合下列情况之一时,其距离可不受限制:

(1) 天窗外安装了自动喷水灭火系统或为固定式乙级防火窗;

(2) 外墙面上的门为遇火自动关闭的乙级防火门,窗口、洞口为固定式的乙级防火窗。

7. 密闭空间

木结构建筑中,下列存在密闭空间的部位应采取隔火措施:

(1) 轻型木结构层高小于或等于 3 m 时,位于墙骨架柱之间楼、屋盖的梁底部处;当层高大于 3 m 时,位于墙骨架柱之间沿墙高每隔 3 m 处及楼、屋盖的梁底部处;

(2) 水平构件(包括楼、屋盖)和竖向构件(墙体)的连接处;

(3) 楼梯上下第一步踏板与楼盖交接处。

此外,木结构建筑应符合以下安全疏散要求:

(1) 木结构建筑直接通向疏散走道的房间门至最近的安全出口或封闭楼梯间的距离应符合表 5-20 的规定。

表 5-20 房间门至安全出口的最大距离(m)

序号	出口位置	位于两个安全出口之间的房间		位于袋形走道两侧或尽端的房间	
		一级	二级	一级	二级
1	耐火等级	一级	二级	一级	二级
2	最大距离	35.0	25.0	20.0	15.0

(2) 木结构建筑的房间内任意一点到其房门的最大距离不应大于表 5-21 的规定。

表 5-21 房间任意一点至房门的最大距离(m)

耐火等级	一级	二级
最大距离	20.0	15.0

（3）木结构建筑的疏散走道和楼梯的净宽不得小于 1.1 m。单元式住宅中，单面扶手楼梯的净宽不得小于 1.0 m。

（4）木结构建筑内的安全疏散口不应安装卷帘门或电动门。

（5）建筑内的安全出口和疏散通道必须设置自动发光的疏散方向指示标志。

（6）柴油发电机房可布置在建筑的首层或地下一层，但应符合下列规定：

① 应采用耐火极限不低于 2.0 h 的隔墙和 1.5 h 的楼板与其他部位隔开，门宜直通室外，并应采用耐火极限不低于 1.2 h 的防火门；

② 柴油发电机机房内设置的储油间，其总量不应大于 1 m³，储油间应用防火墙与发电机分隔开；当必须在防火墙上开门时，应设置耐火极限不低于 1.2 h 的防火门；

③ 应设置自动报警系统或自动喷水灭火系统。

5.4.6 防腐工程

设计时必须从建筑构造上采取通风和防潮措施，注意保证结构的含水率经常保持在 20% 以下。

露天结构、采取内排水的屋架支座节点、檩条及搁栅等构件直接与砌体接触的部位以及屋架支座处的垫木，除从结构上采取通风、防潮措施外，还应进行防腐处理。在白蚁危害地区，凡阴暗潮湿、与墙体或土壤接触的木结构，除应保证通风、防潮和便于检查外，均应进行有效的防腐防虫处理，并选用防蚁性能好的药剂；在堆沙白蚁或甲虫危害地区，即使木材通风防潮情况较好，也应根据具体情况进行防虫处理；在一些高寒或干燥地区，可根据当地实践经验进行防腐、防虫处理。

木结构防腐防虫措施：

（1）木结构中的下列部位应采取防潮和通风措施：

① 在桁架和大梁的支座下应设置防潮层；

② 在柱下应设置柱墩，严禁将柱直接埋入土中；

③ 桁架、大梁的支座节点或其他承重构件不得封闭在墙、保温层或通风不良的环境中；

④ 处于房屋隐蔽部分的木结构，应设置通风孔洞；

⑤ 露天结构在构造上应避免任何部分积水的可能；

⑥ 当室内外温差很大时，房屋的维护结构（包括保温吊顶），应采取有效的保温和隔气措施。

（2）木结构构造上的防腐、防虫措施，除了应在设计图纸中加以说明外，尚应要求在施工的有关工序交接时，检查其施工质量，如发现问题应立即纠正。

（3）下列情况,除从结构上采取通风防潮措施以外,还应进行药剂处理:

① 露天结构;

② 内排水桁架的支座节点处;

③ 檩条、搁栅、柱等构件直接与砌体、混凝土接触部位;

④ 白蚁容易繁殖的潮湿环境中使用的构件。

（4）常用药剂配方及处理方法可参考现行国家标准《木结构工程施工质量验收规范》（GB 50206—2012)的规定采用。以防腐、防虫药剂处理木结构构件时,应按设计指定的药剂成分、配方及处理方法采用;受条件限制而需改变药剂或处理方法时,应征得设计单位同意;在任何情况下,均不得使用未经鉴定合格的药剂。

（5）胶合木的机械加工应在药剂处理前进行。构件进行防腐防虫处理后应避免重新切割或钻孔。由于技术原因确有必要作局部修整时,必须对木材暴露的表面涂刷足够的同品牌药剂。木结构的防腐、防虫采用药剂加压处理时,该药剂在木材中的保持量和透入度应达到设计文件规定的要求。设计未作规定时,应符合现行国家标准《木结构工程施工质量验收规范》（GB 50206—2012)规定的最低要求。

（6）在使用药剂处理小构件的前后,应作下列检查和施工记录:

① 构件处理前的含水率及木材表面清理的情况;

② 药剂出厂的质量合格证明或检验记录;

③ 药剂调制时间、溶解情况及用完时间;

④ 药液透入木材深度和均匀性;

⑤ 木材每单位体积(对涂刷法以每单位面积计)吸收的药量。

参考文献

［1］陆伟东,刘杏杏,岳孔,等.村镇木结构建筑抗震技术手册[M].南京:东南大学出版社,2014

［2］黄东梅,周培国,张齐生.竹结构民宅的生命周期评价[J].北京林业大学学报,2012,5:148-152

［3］张齐生.当前发展我国竹材工业的几点思考[J].竹子研究汇刊,2000,19(3):16-19

［4］陈国.现代竹结构房屋的试验研究与工程应用[D].长沙:湖南大学,2011

［5］杨宇明,王慷林,辉朝茂,等.西双版纳竹楼的发展[J].竹子研究汇刊,2003,22(4):75-80

［6］Eduard Broto.竹材建筑与设计集成[M].南京:江苏凤凰科学出版社,2014

［7］Ghavami K. Application of bamboo as a low-cost energy material in civil engineering[C]. Symposium Materials for Low Income Housing, 1989, 3: 526-536

［8］周爱萍.重组竹受弯构件试验研究与理论分析[D].南京:南京林业大学,2014

［9］周芳纯.竹材的力学性质[J].竹类研究,1998(1):212-219

［10］虞华强.竹材材性研究概述[J].世界竹藤通讯,2003,1(4):5-9

［11］王汉坤,喻云水,余雁,等.毛竹纤维饱和点随竹龄的变化规律[J].中南林业科技大学学报,2010,30(2):112-115

［12］江敬艳.圆竹家具的研究[D].南京:南京林业大学,2001

[13] 周芳纯. 竹材的物理性质[J]. 竹类研究,1998(1):195-211

[14] 张楠,柏文峰. 原竹建筑节点构造分析及改进[J]. 科学技术与工程,2008,8(18):5 318-5 322

[15] 关锡鸿,冼定国,叶颖薇. 竹材——一种天然的复合材料[J]. 复合材料学报,1987,4(4):79-104

[16] Shupe T F, Chow P. Sorption, shrinkage, and fiber saturation point of Kempas (Koompassia malaccensis)[J]. Forest products journal, 1996, 46(10): 94

[17] 杨焕蝶. 竹胶板的生产方式与篾帘的编织[J]. 木材工业,1995,9(1):35-36

[18] 魏洋,张齐生,蒋身学,等. 现代竹质工程材料的基本性能及其在建筑结构中的应用前景[J]. 建筑技术,2011,42(5):390-393

[19] 吴冬梅. 竹胶合板变形和表面应变及相关因素影响的研究[D]. 长沙:中南林学院,2005

[20] 刘志坤. 竹材资源的有效利用[J]. 浙江林学院学报,1994,11(3):281-285

[21] 中国建筑材料科学研究院. 绿色建材与建材绿色化[M]. 北京:化学工业出版社,2003

[22] John W. van de Lindt, Matthew A. Walz. Development and application of wood shear wall reliability model[J]. Journal of Structural Engineering, 2003, 129(3): 405-413

[23] 何敏娟. 木结构设计[M]. 北京:中国建筑工业出版社,2008:14-28

[24] 梁超,金雯昊. 冬奥场馆安装百米跨度木屋架[J]. 国际木业,2001,(1):31

[25] 朱君道,谈福生. 上海松园别墅木结构住宅[J]. 建筑结构,2005,35(12):85-87

[26] Yu W K, Chung K F. Column buckling of structural bamboo[J]. Engineering Structures, 2003 (25): 755-768

[27] Ihak Sumardi, Yoichi Kojima. Effects of strand length and layer structure on some properties of strandboard made from bamboo[J]. Journal of Wood Science, 2008(54): 128-133

第6章

工业化竹结构

6.1 概述

竹材种类繁多,分布广阔。全球共有竹类植物107类,分属1 300多种。竹类植物主要分布在亚洲、非洲和拉丁美洲的热带、亚热带以及包括中国在内的东南亚季风区域。竹材的生长周期短,一般3～5年就可以成材,其强度、耐久性可与木材比拟,是一种极具价值的结构用生物质材料,因此,竹林资源在世界为数不多的可再生资源中有着重要地位。

中国竹类资源十分丰富,享有"世界第二森林"的美称,共有竹林面积近500万hm^2,竹种数和竹林面积约占全世界的四分之一,是世界上面积最广、资源最多、利用最早的竹业国家。

由于各地气候、土壤、地形的变化和竹种本身种属特性的差异,中国竹子分布具有明显的地带性和区域性。大体可分为5大竹区:黄河—长江竹区、长江—岭南竹区、华南竹区、西南高山竹区。黄河—长江竹区位于北纬30°～40°之间,在本区内,主要有刚竹属、苦竹属、箭竹属、青篱竹属、赤竹属等的一些竹种。长江—南岭竹区位于北纬25°～30°之间,是中国竹林面积最大,竹材资源最丰富的地区,其中毛竹林的面积达280万hm^2。华南竹区位于北纬10°～20°之间,是中国竹种数量多的地区,主要有酸竹属、刺竹属、牡竹属、藤竹属、巨竹属、单竹属、茶秆竹属、梨竹属、滇竹属等竹种。西南高山竹区位于华西海拔1 000～3 000 m的高山地带,此区是原始竹丛,大熊猫、金丝猴等珍贵动物的分布区,主要有方竹属、箭竹属、采竹属、玉山竹属、慈竹属的一些竹种。

竹材是我国重要的速生、可再生森林资源,我国是世界上主要的产竹国家,约42属,500余种。据全国第七次森林资源清查统计显示,我国现有竹林面积538.10万hm^2,其中毛竹林386.83万hm^2,杂竹林151.27万hm^2。在地球表面森林面积逐年减少的形势下,竹林面积却日益扩大。竹材生长周期短,一般六年成材,且一次造林可多次采伐,多年收益,因此只要科学地经营管理,竹子是一项取之不尽、用之不竭的重要的建筑材料资源。

与钢筋混凝土结构相比,竹材是一种天然的可再生生物质材料,竹子的生长过程能改善自然环境。就减排而言,相比其他树种的森林,竹林可吸收更多的二氧化碳,且在加工过程中能耗低。据相关资料显示:建造相同面积的建筑物,竹材的能耗是混凝土能耗的1/8,木材能耗的1/3,钢铁能耗的1/50,在废弃后可以自然降解,不会对环境产生任何负面的影响,堪称绿色建材。

竹结构建筑具有良好的抗下沉应力、抗老化、抗干燥能力及很强的稳定性。如果经过相应的处理工序且使用得当,竹材是一种稳定、寿命长且耐久性强的材料。要真正实现竹结构建筑环保的优势,保证竹结构建筑的长期耐久性是关键。

同木结构建筑相似,竹结构建筑适用于多种外部建筑风格,且在室内布局和装饰方面也提供了相当的自由性。如门窗可放置在任何使用方便的地方;并可以将各种防水、保温、隔声的材料固定在龙骨表面,或填充在龙骨的缝隙间;各种水电设备管道可以在墙内及楼板间穿过,使建筑物保持良好的物理性能和美观度。此外,竹材的弯曲度大,可模压成各种形状的造型,以满足建筑结构的需要。

竹材是天然有机高分子聚合体,其组织结构主要由维管束和薄壁细胞组成。竹材内部空腔使得竹材的热传导速度慢,因此,竹材人造板导热系数远低于钢筋混凝土和黏土砖;另外,竹结构住宅墙体和楼盖的空腔有保温棉填充,使其保温隔热性能优于砖混结构或混凝土结构,从而降低住宅使用能耗。

同木结构类似,竹结构建筑在发生地震时有较高的安全系数。与其他材料相比,竹结构建筑具有一系列关键抗震优势,如竹材的强重比很高,这意味着地震时作用到竹结构建筑上的力度较小;竹结构是通过各种连接件组合而成,带有许多杆件和连接节点,故存在多种荷载路径以吸收所施加的外力;竹结构建筑中的连接节点可以有效地耗散地震所产生的能量。1991年哥斯达黎加曾发生了里氏7.7级地震,大批砖瓦和钢筋混凝土建筑倒塌,但20多座用竹子搭建的建筑却安然无恙,这足以说明竹结构建筑具有优异的抗震性能。

竹结构建筑材料处理简单,建造成本低廉,且施工周期只是同类砖混结构的 $1/2 \sim 1/3$,布局造型灵活、维修方便,所需劳动力相对也较少。竹结构建筑是多个构件通过各种连接件组装而成,构件之间可拆装,较宜改建或扩建。即便是已经建造成型的建筑,也可将整个建筑从甲地搬迁至乙地。由于建造周期短且维修方便,再加之竹结构建筑可随地搬迁,其建造成本自然会下降很多。

竹建筑历史

在距今6 000多年的新石器时代,当人类从穴居和巢居时代转向地面建筑的时候,竹子就开始发挥重要的作用。尽管建筑受地域文化、风格和观念的影响较大,但是世界各地流传的传统竹建造技术却惊人地相似。以竹子和泥土/石灰为天然原料的筑墙工艺,在时代变迁和人类建筑文明的演变中,占据了很长的时间,在很多地区一直沿用至今。

在亚洲,1929年发现的中国四川广汉三星堆二期文化遗址的房址中,出土了木棍和有竹片痕迹的火烧土块,推测是竹编木骨泥墙的建筑遗址。当时巴蜀居民就地取材,在地面上挖沟槽,槽中立木柱,间以小木棍或竹棍作为墙骨,在里、外两面涂草抹泥成为墙壁,并经火烧烤,顶部以竹、茅覆盖,底架也采用木或竹架构。而考古工作者在成都金沙遗址(商代晚期至西周前期)也发现了大量的房屋建筑遗址,均为挖基槽的木(竹)骨泥墙式建筑。

　　在台湾,至今尚还保留了数量不多的"竹厝"(利用竹子和泥土所搭建的房屋)。厝顶可用竹子、茅草、甘蔗叶或铅板覆盖,墙壁则用竹竿分隔,竹编抹灰土、石灰等。房屋的主梁通常采用多年生的孟宗竹、刺竹、麻竹或桂竹,不用铁钉而只用竹钉作为榫头。通常墙壁用竹片编织而成,再敷上泥土,外表抹上石灰,门窗皆用竹片编成。柱脚的空间填土或石头,以保坚固。经济实用、夏天凉爽,且抗震性能良好。在孟加拉国约有 70% 的人口居住在各种形式的竹屋中。在哥伦比亚、厄瓜多尔和哥斯达黎加等拉美国家,竹建筑业非常发达,造型典雅的竹楼、竹亭及其他风格各异的竹建筑随处可见。

图 6-1　南美典型民居

图 6-2　上海世博会印度馆

　　传统的竹建筑多为杆系结构,采用捆扎方式进行杆件连接。图 6-1 为南美地区的典型民居,此类型竹屋通风、采光性能良好,充分利用了竹子本身的结构性能,抗震性能尤其突出。经过防腐、防虫处理后的原竹被巧妙地设计成各种形式的结构柱、结构梁和屋架。

　　2010 年上海世博会,更是有 9 个场馆融入了竹的元素,其中有多个大型场馆,令人惊叹不已。其中,印度馆(图 6-2)建造了世界上最大的竹穹顶,直径 35 m,其上种植了各种绿色植物。穹顶由 36 根 1/2 的圆弧状竹肋组成,每根竹肋由 9 根直径 100 mm 毛竹呈三角形排列。为了增强结构的整体稳定性,从近地面开始每隔一定的距离在环向设置了竹箍(9 道)或钢箍(4 道)。竹节点连接部分同样使用了填充水泥砂浆加螺栓固定的方式。

　　现代原竹结构的节点采用了钢结构连接方法,根据结构需求,人们设计了各种形式的连接节点,可方便地将竹构件、钢构件或竹与混凝土构件连接成一体,形成了形式多样的空间结构体系。图 6-3、图 6-4 为典型的捆扎竹建筑节点和钢—竹节点。

图 6-3　竹与竹的连接

图 6-4　竹—混凝土的连接

图 6-5　德中同行馆

　　原竹结构在形态和结构特性上都最大化地保留了植物的特性。但是,通过一定的物理、力学和化学等手段,将竹子的各种单元形式(竹条、竹篾、竹单板、竹碎料、竹纤维等)组合成能够满足工程、结构和环境等方面用途的材料,是人们在工业化生产模式下的又一次思考,这便是近些年出现的工程竹材。同样是上海世博会,德中同行馆(图6-5)最大的亮点是成功地将先进的预制装配技术用在了这座由巨龙竹和竹层积材共同构造的时尚建筑中,实现了工厂预制、现场组装,且无损拆卸的模式。经过巧妙设计的金属连接一端被预埋在填充了水泥砂浆的竹筒中,另一端通过螺栓和其他构件相连。世博会后此馆已移置浙江杭州。

20世纪末,竹/木胶合技术得到了快速发展并应用,研发生产如胶合木、单板层积材、重组竹等系列工业化竹木材料,消除了原竹/木的结节、虫蛀、外形不规则等天然缺陷,力学性能稳定、优异,完全可以满足现代建筑结构对材料的强度、刚度与耐久性要求。由于现代竹/木结构优异的抗震性能和可装配性能,"5·12"汶川地震后,受到了空前的重视,张齐生院士提出采用竹材重组材作为结构材料建造装配式抗震民宅,并在南京林业大学校园内建造了一幢两层重组材竹结构抗震民宅示范工程(图6-6)。黄东升设计了一种带消能节点的装配式竹(木)框架结构体系,即采用重组竹(或规格木材)作为结构材料,将框架节点设计成金属屈曲型消能阻尼器,分别在广东省清远市、青海省玉树地震灾区、四川省青川地震灾区建造了带消能节点的竹(木)结构示范建筑(图6-7)。

此外,以北美现代木结构为代表的轻型木结构技术已经在我国获得了广泛的认同,鉴于木材资源稀缺的国情,我国学者提出应用高强竹质复合材料建造现代竹结构抗震房屋,分别发展了轻型竹结构、重组竹框架结构和钢竹组合结构等现代竹建筑结构体系。

图6-6　南京林业大学重组竹示范房屋　　　　图6-7　青川县竹结构示范房

目前,我国已经在江苏、四川、湖南等地建造了多幢多层竹结构房屋、桥梁,竹结构建筑的研究也受到了日益重视,我们相信,在不久的将来,竹结构将和木结构一样,成为一种重要的新型结构体系。

6.2　工业化竹材

原竹壁薄中空,尺寸不均匀,力学性能不均衡,不能满足现代建筑结构对构件几何构型、材料性质的一致性要求,从而严重制约了竹结构建筑的发展空间。因此,原竹不能像混凝土、钢材等结构材一样广泛用于建筑结构。为克服原竹材料在建筑结构中的缺陷,同时最大限度地发挥竹材在建筑行业中的优势,现代竹结构建筑成为我国建筑工业新的发展方向。现代竹结构的核心是通过一定的物理、力学和化学等手段,将竹子的各种单元形式(竹条、竹篾、竹单板、竹碎料、竹纤维等)进行组合,使之成为能够满足现代工程、结构和环境等方面用途的工程竹材(统称为工程竹),并且采用现代设计理论对工程竹结构单元进行设计。工程竹是在工业化生产中对原竹进行筛选、分类后的重新组合,剔除了原材料中的缺陷,因此,工程竹的力学性能比原材料均匀、一致,其强度、刚度均超过常用的结构木材。采用先进胶合技术制造的工程竹无毒、无游离甲醛,是一种理想的绿色建筑结构材料。工程竹建造的房屋结构自重轻,抗震性能好,适合装配式施工,尤其适用于快速建设与标准化生产。

我国竹材工业利用研究起步于 20 世纪 70 年代后期,在 80 年代发展最为迅速,这一时期是我国竹材制品从传统的手工制作到现代化工业生产的重大转折和发展时期。特别在竹材加工、机械设备、加工工艺和竹材干燥防护技术方面取得了突破性的发展,能克服天然竹材直接利用的许多缺陷,而且能将竹子这类径级相对较小,又中空壁薄有节的竿材加工成各种类型和规格的工业化竹产品,使竹材的利用价值得到了大幅度提高,在许多方面部分或全部替代了木材,尤其在建筑、家具、装饰、包装和车辆等方面得到了广泛应用。90 年代竹材利用研究向纵深发展,主要在精细加工、黏结剂、防护处理技术及专用加工设备等方面发展十分迅速,竹材现代加工利用技术走向了成熟,并达到了国际领先水平。

工业化竹材以原竹为原材料,利用先进的复合、重组技术,将竹材加工成力学性能理想的生物质结构材,以满足现代结构对材料的要求。结构用工业化竹材主要有重组竹、竹层积材、竹集成材和胶合竹,如图 6-8~6-11 所示。

图 6-8　重组竹

图 6-9　竹层积材

图 6-10　竹集成材

图 6-11　胶合竹

6.2.1 重组竹

重组竹,是由原竹经过多重工艺制成的一种高强竹质复合材料。重组竹对原料的选择不像竹集成材那样严格,可以采用小径级的杂竹为主要原料,其基本单元为不规则的竹篾。其加工工艺如图 6-12 所示,首先,将原竹锯成规格长度;由于原竹天然长成的外形不规则,且其本身表面含有蜡质层,不利于胶合,所以为保证胶合强度,将胶接性能差的竹青竹黄去除;取其优质部分进行疏解,即软化后进行纵向辗压形成长度相同、相互交错关联并保持纤维原有排列方式的疏松网状纤维束;将竹丝束放在碳化炉中进行碳化,用 0.3 MPa左右压力的蒸气处理 60~90 min,使竹材中的淀粉、蛋白质分解,隔绝蛀虫及霉菌的营养来源,同时杀死虫卵及真菌,延长竹材寿命;然后进行低温干燥,将其置于 80 ℃ 的环境下烘干至水分含量低于 11%;对竹条表面进行平整处理后,对其浸胶,至含胶量为 8%~15%;然后使竹条在 30~45 ℃温度下烘干 3~5 h,使其含水率达 12%左右;最后一道工序为热压处理,将装模的板胚在热压机上进行热压固化,一般热压温度为 110~160 ℃,压力为 50~100 MPa,热压时间依板坯决定。加热使竹材软化,并在高压下使竹材小单元密实,同时使胶黏剂充分固化。重组竹型材的外形轮廓依模具而定,通常压制成方材,也可直接压制成一定断面形状的柱状规格。其形状需要进行剖分锯解,加工利用。

(a) 截断开片 (b) 清洗

(c) 干燥 (d) 蒸煮碳化

(e) 组坯 (f) 压制

图 6-12　重组竹主要加工工序

6.2.2　竹层积材

竹层积材可以采用小径级的竹材为原料,基本单元为竹纤维化单板。竹纤维化单板的制作过程与其他人造板基本单元的制备不同,它是将剖分后的竹筒去内节,然后通过纤维分离技术形成由交织竹束构成的网状结构的竹束帘,该竹束帘上包含竹青、竹肉和竹黄三部分,且在竹束帘的上下表面分别包含有蜡质层和硅质层脱落的竹青层和竹黄层,这样不仅保存了竹青层的高强度和高模量,还保存了竹黄层的耐水性能好等优点,使竹材的利用率高达 90%～95%。

竹层积材的制作工艺如图 6-13 所示,首先,需要将原竹截成 2 550 mm 长的竹筒,对竹筒进行剖分去内节;对其进行疏解,形成竹束帘;对竹帘进行干燥处理,将其含水率干燥至 12%左右;将竹帘浸入胶池,浸渍酚醛胶,浸胶量一般为 200 g/m² 左右;再对竹帘进行烘干;对竹帘进行顺纹组坯,组坯层数根据层积材的密度、厚度、压缩比以及竹帘厚度确定。以上工艺结束之后,将材料送入热压机进行热压,热压温度为 140 ℃,热压时间 1.5 min/mm,热压压力 3.5 MPa。

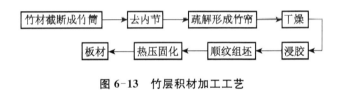

图 6-13　竹层积材加工工艺

6.2.3　竹集成材

竹集成材一般要求以大径级的毛竹为原料,基本单元是矩形竹片。其制作工艺如图 6-14 所示,首先,选用 3～5 年生长竹材,将竹材切削成厚度约为 5 mm、宽度约 20 mm、长度 50～100 mm 的竹片;然后对竹片进行高温熏煮,温度为 83～93 ℃,熏煮 20～30 min;用普通木材干燥工艺对竹片恒温烘干,将其放置在 63～73 ℃的环境下烘干至含水率低于 12%;将干燥后的竹片置于真空碳化炉中进行高压碳化,温度 125～175 ℃;然后对其精确干铣,达到拼接要求,去除毛边、飞边等;用防火剂进行表面涂敷,并涂上胶层;以上工艺结束之后,将材料组坯后送入热压机进行热压,热压温度为 140 ℃;对热压后的竹片四面刨光,去除多余毛边、飞角;再用专用指接机进行指接;之后进行二次热压,热压时间 45～60 min,热压压力 3.5 MPa;最后对其四面刨光,按要求加工成成品用料。

图 6-14　竹集成材加工工艺

6.2.4 工程竹基本力学性能

工程竹的力学性能稳定,一般优于木材。上述三种工程竹以及常见结构用木材的力学性能比较见表6-1。由表6-1可见,重组竹与竹层积材的力学性能都远高于木材;竹集成材的力学性能略高于木材,但已能满足一般承重梁类的结构材料使用。总的来说,与木材相比,结构用竹材力学性能更好,更适合作为受力构件。

表 6-1 三种竹材与木材的力学性能比较

材料	弹性模量 (GPa)	顺纹抗拉强度 (MPa)	顺纹抗压强度 (MPa)	密度 (kg·m⁻³)	比强度 (N·m/kg)	比模量 (m)
重组竹	37.72	248.15	129.17	1 159.66	138.8	10.3
竹层积材	—	248.4	124.1	1 120.00	226.1	23.5
竹集成材	12.93	148.48	59.93	1 000.00	161.1	14.8
杉木	—	70.95	37.24	306.00	—	—
云杉	—	92.12	37.83	459.00	—	—
落叶松	—	128.78	51.65	528.00	—	—
马尾松	—	102.80	43.51	519.00	—	—
水曲柳	—	129.65	48.80	509.00	—	—
槭木	—	137.20	54.00	709.00	—	—

重组竹在制备过程中将靠近竹青的2~4 mm的A级竹篾分离,供附加值更高的竹席或竹窗帘用,将剩下的竹片(包含竹黄)通过压丝机碾压成宽度为1.5~4 mm的竹束,再经过浸胶胶合而成。竹青的去除有效地改善了竹束表面的胶结性能,但也降低了竹材的力学性能。在制作的过程中,重组竹压缩比较大,单位面积的有效承载单元较多,因而重组竹具有较好的力学性能。但是重组竹的密度较大,比强度和比模量较小,主要原因是竹束的制备过程中将A级竹篾分离出去,降低了材料的强度。此外,竹束采用碾压法疏解,很难将竹材疏解完整,在碾压辊经过处竹片形成裂纹,在碾压辊没经过处,竹片还保持整体块状结构,在浸胶时,胶黏剂很难均匀渗透,在竹束的表面和裂纹处,有胶黏剂分布,而保持整体块状结构处,无胶黏剂分布,整体得不到有效地增强。

竹层积材以本身强度较高的慈竹为原料。首先,慈竹的拉伸强度大于毛竹;其次,竹纤维化单板在疏解的过程中,破坏了竹材的基本组织,但保持了维管束不断裂,这样,一方面保证了慈竹本身的高强度不受到破坏,另一方面使得胶黏剂能够通过疏解过程形成裂纹均匀渗透到基本组织中,从而使基本组织强度增加。此外,竹层积材的压缩比较大,使单位面积内的有效承载单元——竹纤维增加,从而使竹层积材的各项力学性能指标都很高。

竹集成材的基本单元是竹片,竹片经过粗刨、精刨除去竹青和竹黄后,竹材强度最高的竹青部分也被去掉,竹片的强度大大降低,在竹材的制备过程中,胶合压力比较小,竹材没有得到有效地增强,因此,竹集成材的力学性能低。

6.2.5　顺纹应力—应变关系

工程竹的应力—应变关系是研究和分析竹构件力学性能的主要材性依据。工程竹的应力—应变关系主要包括横纹和顺纹的拉压、受剪应力—应变关系。因梁柱构件承载力与变形计算一般仅涉及使用工程竹的顺纹力学性能,故本书以重组竹为例,介绍工程竹的应力—应变关系。

1. 重组竹材料参数

重组竹纤维沿材料纵向相互平行,沿横向随机分布,故可以将其理想化为横观各向同性正交异性复合材料。根据图 6-15 所示的笛卡尔坐标系定义重组竹材料 3 个坐标轴方向,1 轴代表重组竹的顺纹方向,2、3 轴代表重组竹的两个横纹主方向。

重组竹的材料参数可采用双下标表示,第一个下标表示该参数所在平面的外法线方向,第二个下标表示该参数的方向。根据横向同性假定,重组竹材料参数包括

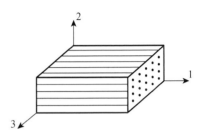

图 6-15　重组竹材料方向定义

6 个强度参数、3 个弹性模量、3 个剪切模量和 2 个泊松比。6 个强度参数分别是顺纹和横纹方向的拉、压强度以及法线方向为 1 轴和 3 轴的平面内剪切强度。

重组竹的线弹性本构方程可表示为

$$\boldsymbol{\varepsilon} = \boldsymbol{C\sigma} \tag{6-1}$$

$$\boldsymbol{C} = \begin{bmatrix} \dfrac{1}{E_{11}} & \dfrac{-\nu_{21}}{E_{22}} & \dfrac{-\nu_{31}}{E_{33}} & 0 & 0 & 0 \\[3mm] \dfrac{-\nu_{21}}{E_{11}} & \dfrac{1}{E_{22}} & \dfrac{-\nu_{23}}{E_{11}} & 0 & 0 & 0 \\[3mm] \dfrac{-\nu_{31}}{E_{11}} & \dfrac{-\nu_{32}}{E_{11}} & \dfrac{1}{E_{33}} & 0 & 0 & 0 \\[3mm] 0 & 0 & 0 & \dfrac{1}{G_{23}} & 0 & 0 \\[3mm] 0 & 0 & 0 & 0 & \dfrac{1}{G_{13}} & 0 \\[3mm] 0 & 0 & 0 & 0 & 0 & \dfrac{1}{G_{12}} \end{bmatrix} \tag{6-2}$$

式中：$\boldsymbol{\varepsilon}$——应变列向量,$\boldsymbol{\varepsilon} = \{\varepsilon_{11}, \varepsilon_{22}, \varepsilon_{33}, \varepsilon_{12}, \varepsilon_{13}, \varepsilon_{23}\}^{\mathrm{T}}$；

$\boldsymbol{\sigma}$——应力列向量,$\boldsymbol{\sigma} = \{\sigma_{11}, \sigma_{22}, \sigma_{33}, \sigma_{12}, \sigma_{13}, \sigma_{23}\}^{\mathrm{T}}$；

$\boldsymbol{C}$——柔度矩阵,各弹性参数均可通过试验测得；

E_{11}、E_{22}、E_{33} ——重组竹顺纹与横纹弹性模量；

G_{23}、G_{13}、G_{12} ——各主平面的剪切模量；

ν_{31}、ν_{32}、ν_{33} ——各主平面的泊松比。

2. 重组竹应力—应变关系

重组竹作为纤维增强多相复合材料，其复杂的顺纹与横纹拉、压和剪切本构关系，使竹构件的非线性响应、破坏机理与一般均质材料或理想弹塑性材料有本质区别。即使材料在宏观上处于单轴受力状态，其内部也会因纤维与基体力学性能的极大差异、纤维与受力方向的偏差以及材料初始裂纹的存在而产生复杂应力状态，从而产生纤维屈曲、断裂、与基体剥离、基体压溃和原始裂纹扩展等复杂响应。

研究发现，重组竹顺纹受拉、顺纹受剪和垂直纹理方向受剪应力—应变关系呈直线型，应力—应变方程满足线弹性胡克定律。顺纹受压应力—应变曲线呈分段型，在加载初期呈线性关系，当荷载超过比例极限后，曲线逐渐偏离原来的线性关系，进而表现出材料的非线性应力—应变关系。

（1）顺纹直线型应力—应变关系

顺纹直线型应力—应变关系有顺纹受拉（方向 1 受拉）、顺纹受剪（1～2 或 1～3 平面内沿方向 1 受剪）。这类应力—应变方程满足线弹性胡克定律，可分别表示为：

① 顺纹受拉

$$\sigma_{11} = E_{11}\varepsilon_{11} \qquad \varepsilon > 0 \tag{6-3}$$

② 顺纹受剪

$$\tau_{21} = G_{21}\varepsilon_{21} \tag{6-4}$$

式中：G_{ij} ——剪切模量；

E_{11} ——杨氏模量。

（2）顺纹分段型应力—应变关系

重组竹顺纹受压和垂直纹理平面纯剪应力—应变曲线在加载初期呈线性关系，当荷载超过比例极限后，曲线逐渐偏离原来的线性关系。这类曲线需采用分段型曲线表达。

重组竹顺纹受压应力—应变曲线有明显的比例极限、峰值应力及应变极限；曲线也相应分为 3 段，即线弹性段、非线性强化段和非线性软化段。试验数据统计分析表明，顺纹受压应力—应变曲线的非线性段可以采用二次曲线模拟。因此，将重组竹的纵向单轴应力—应变关系表示为如下分段函数：

$$\sigma(\varepsilon) = \begin{cases} \lambda_1\varepsilon^2 + \lambda_2\varepsilon + \lambda_3 & -\varepsilon_{cu} \leqslant \varepsilon \leqslant -\varepsilon_{ce} \\ E_c\varepsilon & -\varepsilon_{ce} < \varepsilon \leqslant 0 \end{cases} \tag{6-5}$$

式中：$\lambda_i (i = 1, 2, 3)$ ——待定系数。考虑应力—应变曲线连续性条件，得：

$$\sigma(\varepsilon_{ce}) = \lambda_1\varepsilon_{ce}^2 + \lambda_2\varepsilon_{ce} + \lambda_3 = \sigma_{ce} \tag{6-6a}$$

$$\sigma(\varepsilon_{cu}) = \lambda_1 \varepsilon_{cu}^2 + \lambda_2 \varepsilon_{cu} + \lambda_3 = \sigma_{cu} \tag{6-6b}$$

$$\frac{\mathrm{d}\sigma(\varepsilon_{cu})}{\mathrm{d}\varepsilon} = 2\lambda_1 \varepsilon_{cu} + \lambda_2 = 0 \tag{6-6c}$$

式(6-6c)表示应力达到最大值后,应力—应变关系曲线由非线性强化阶段转入软化阶段的趋势。求解式(6-6)得待定参数:

$$\lambda_1 = -\frac{f_{11}^{cu} - f_{11}^{ce}}{(\varepsilon_{11}^{cu} - \varepsilon_{11}^{ce})^2} \tag{6-7a}$$

$$\lambda_2 = -\frac{2\varepsilon_{cu}(f_{11}^{cu} - f_{11}^{ce})}{(\varepsilon_{11}^{cu} - \varepsilon_{11}^{ce})^2} \tag{6-7b}$$

$$\lambda_3 = \frac{\varepsilon_{ce}^2 f_{11}^{cu} - 2\varepsilon_{ce}\varepsilon_{cu} f_{11}^{cu} + \varepsilon_{cu}^2 f_{11}^{ce}}{(\varepsilon_{11}^{cu} - \varepsilon_{11}^{ce})^2} \tag{6-7c}$$

式中:f_{11}^{ce},ε_{11}^{ce} ——1 方向的受压比例极限应力与应变;

$\quad\quad f_{11}^{cu}$,ε_{11}^{cu} ——1 方向的受压极限应力与应变。

重组竹顺纹单轴、顺纹受剪作用下的应力—应变方程可汇总于表 6-2。

表 6-2　重组竹顺纹应力—应变关系

应力状态	曲　线	方　程	参　数
顺纹单轴		$\sigma(\varepsilon) = \begin{cases} \lambda_1 \varepsilon^2 + \lambda_2 \varepsilon + \lambda_3 & -\varepsilon_{cu} \leqslant \varepsilon \leqslant -\varepsilon_{ce} \\ E_c \varepsilon & -\varepsilon_{ce} < \varepsilon \leqslant 0 \\ E_{11} \varepsilon & 0 < \varepsilon \leqslant \varepsilon_{tu} \end{cases}$	$\lambda_1 = -\dfrac{f_{11}^{cu} - f_{11}^{ce}}{(\varepsilon_{cu} - \varepsilon_{ce})^2}$ $\lambda_2 = \dfrac{2\varepsilon_{cu}(f_{11}^{cu} - f_{11}^{ce})}{(\varepsilon_{cu} - \varepsilon_{ce})^2}$ $\lambda_3 = \dfrac{\varepsilon_{ce}^2 f_{11}^{cu} - 2\varepsilon_{ce}\varepsilon_{cu} f_{11}^{cu} + \varepsilon_{cu}^2 f_{11}^{ce}}{(\varepsilon_{cu} - \varepsilon_{ce})^2}$
顺纹受剪（垂直纹理平面受剪）		$\tau_{21} = G_{21}\varepsilon_{21}$ $\tau_{23} = G_{23}\varepsilon_{23}$	

表中:E_{ii}——i 方向的杨氏模量,$i = 1, 2, 3$;

$\quad\quad G_{ii}$——i 方向的剪切模量,$i = 1, 2, 3$;

$\quad\quad f_{ii}^{tu}$,ε_{ii}^{tu}——i 方向的受拉极限应力和极限应变;

$\quad\quad f_{ii}^{ce}$,ε_{ii}^{ce}——i 方向的受压比例极限应力与应变;

$\quad\quad f_{ii}^{cu}$,ε_{ii}^{cu}——i 方向的受压极限应力和应变;

$\quad\quad \lambda_i(i = 1, 2, 3)$——非线性阶段应力—应变关系二次曲线参数。

6.3 工业化竹材基本构件

6.3.1 受弯构件

对木材、竹材这样的新型复合材料,受弯构件的极限状态分析方法还没有建立。例如,现行木结构受弯构件的计算方法仍采用线弹性材料力学计算方法。而重组竹材料在单轴受压应力状态下表现出了很强的非线性应力—应变关系,因此,重组竹梁的弯曲必然呈非线性破坏特征。故线弹性理论不能应用于重组竹受弯构件极限状态分析。

1. 破坏形态与破坏机理

由于重组竹梁是在横向逐层铺设竹篾压制而成的,截面层状之间的界面力学性能比较复杂,加载后沿层界面会产生法向应力,使层状逐渐剥离,从而产生细微的裂纹;随荷载增加,裂纹沿层界面慢慢展开,同时材料达到比例极限值;当荷载超过比例极限时,材料进入塑性阶段,梁顶部开始出现受压屈曲,梁中和轴以下部位开始出现水平裂纹,这些裂纹随荷载增加不断向两端扩展,并且伴随新的裂纹产生;当荷载接近极限值时,伴随竹界面剥离的响声,微裂纹沿层界面迅速扩展,形成宽裂缝,裂缝以下的竹束达到材料抗拉强度后被脆性拉断,梁宣告破坏。

重组竹梁弯曲破坏呈非线性渐进破坏特性。首先,梁上部纤维受压屈曲;其次,受拉区纤维束之间发生界面分离,形成平行于纤维方向的纵向裂纹,这些裂纹随外荷载的增加不断扩展,宽度逐渐增大;最后,梁下部纤维束拉断,梁丧失承载能力。梁在整个受力过程中,荷载—位移曲线首先呈线性关系;随着梁跨中裂纹的出现、发展,荷载—位移曲线逐渐偏离直线状态,直至极限荷载梁有较长的非线性段。竹梁破坏前,截面应变沿高度方向基本上呈线性变化,因此在竹梁受弯构件设计计算时,梁的受弯破坏截面符合平截面假定。

构件在破坏之前,都会断断续续地出现竹纤维束断裂或压屈分层的响声,破坏过程并不突然,并且破坏时梁的整体变形十分显著。总体来说,重组竹梁作为受弯构件的破坏征兆比较明显,这对于重组竹梁在房屋结构中的应用很有意义。

2. 承载力计算

为了得出重组竹梁极限受弯承载力及非弹性变形计算公式,假定梁的受弯破坏截面承载力极限状态为:

(1) 符合平截面假定,即梁在弯曲变形过程中,横截面始终保持为平面,并且与梁轴线垂直;

(2) 对于重组竹中的胶层,不考虑其厚度,并假定其力学性能与竹(木)相同;

(3) 不考虑材料各向异性的影响,构件的受弯性能主要由材料顺纹方向的力学性能决定,并且忽略剪切效应;

(4) 忽略截面应力分布沿构件厚度方向的变化,将平面内弯曲简化为平面应力问题;

(5) 材料受拉时为线弹性体,受压时分为弹性和塑性两部分。

　　根据以上假定,极限状态下梁截面的应力、应变分布如图 6-16 所示,中性轴以下部位为构件受拉区,破坏截面受拉区外侧纤维达到抗拉极限强度;中性轴以上部位为构件受压区,材料经历了弹性受压、原始裂纹扩展、纤维与基体剥离、纤维屈曲、基体压溃等复杂的非线性渐进过程,最终外侧纤维压屈,材料达到抗压强度极限值。受弯构件破坏截面可分为三部分,即:

　　(1)中和轴以下的受拉部分(A),材料线性受拉;

　　(2)中和轴以上的弹性受压部分(B),材料线性受压;

　　(3)中和轴以上的塑性受压部分(C),材料应力与应变呈二次曲线关系。

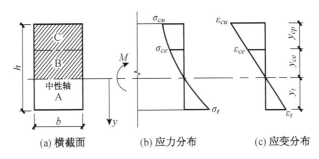

图 6-16　受弯构件横截面应力、应变分布图

　　图中,σ_t 为材料的受拉强度,σ_{ce}、σ_{cu} 分别为材料的比例极限和抗压强度;ε_t 为对应 σ_t 的拉应变,ε_{ce}、ε_{cu} 分别为对应 σ_{ce}、σ_{cu} 的压应变;y_t、y_{ce}、y_{cp} 分别为受拉区、弹性受压区和塑性受压区的高度。由图 6-16 还可以看出,在求解梁、柱非弹性极限承载力时,构件的塑性受压区只考虑材料的非线性强化阶段。

　　根据以上构件破坏模式的分析,结合平截面假定,即截面任一点纵向应变 ε 与该点至中性轴距离 y 成正比,以及材料的线弹性本构关系及非线性应力—应变关系,构件截面的应力分布可表示为

$$F_y = \begin{cases} \sigma(y) & -(y_{ce}+y_{cp}) < y \leqslant -y_{ce} \\ E\Phi y & -y_{ce} \leqslant y \leqslant y_t \end{cases} \tag{6-8}$$

式中:E——材料弹性模量;

　　　Φ——构件弯曲曲率;

　　　$\sigma(y)$——材料非线性强化阶段的应力—应变关系。

　　如图 6-16 所示,受弯构件由力的平衡条件,得

$$\int_{-(y_{ce}+y_{cp})}^{-y_{ce}} \sigma(y)\mathrm{d}y + \int_{-y_{ce}}^{y_t} E\Phi y\mathrm{d}y = 0 \tag{6-9}$$

　　根据式(6-8),式(6-9)可以写成

$$\int_{-(y_{cp}+y_{ce})}^{-y_{ce}} \sigma(y)\mathrm{d}y + \frac{1}{2}\sigma_t y_t + \frac{1}{2}\sigma_{ce} y_{ce} = 0 \tag{6-10}$$

考虑弹性受拉区和弹塑性受压区之间的关系为

$$y_t + y_{ce} + y_{cp} = h \tag{6-11}$$

根据受拉区与受压区高度的几何关系,有

$$\frac{y_t}{y_{ce}} = -\frac{\varepsilon_t}{\varepsilon_{ce}} = -\frac{\sigma_t}{\sigma_{ce}} \tag{6-12}$$

结合式(6-10)、式(6-11)和式(6-12),即可求解 y_t、y_{ce}、y_{cp} 的值,分别为

$$y_t = \frac{-2\alpha\sigma_{ce}\sigma_t}{\sigma_t^2 + (2\alpha - 1)\sigma_{ce}^2 - 2\alpha\sigma_{ce}\sigma_t} h \tag{6-13a}$$

$$y_{ce} = \frac{2\alpha\sigma_{ce}^2}{\sigma_t^2 + (2\alpha - 1)\sigma_{ce}^2 - 2\alpha\sigma_{ce}\sigma_t} h \tag{6-13b}$$

$$y_{cp} = \frac{\sigma_t^2 - \sigma_{ce}^2}{\sigma_t^2 + (2\alpha - 1)\sigma_{ce}^2 - 2\alpha\sigma_{ce}\sigma_t} h \tag{6-13c}$$

式中:

$$\alpha = \frac{\int_{-(y_{ce}+y_{cp})}^{-y_{ce}} \sigma(y)\mathrm{d}y}{\sigma_{ce}y_{cp}} \tag{6-14}$$

α 是采用矩形分布来替代实际应力分布所引起误差的修正系数。当材料为理想弹塑性时,$\alpha = 1$;当基于本书设定的非线性应力—应变函数关系式时,$\alpha = 1.33$。故此处的修正系数 α 一般与材料的本构关系相关,而与塑性受压区高度无关。修正系数 α 的定义基于构件破坏时受压区边缘材料达到抗压极限强度,这与实际状态会有一定误差。但对于竹木结构材料,在受弯、压弯构件的极限状态下,破坏截面受压区最外层材料强度与抗压极限值比较接近,故这种简化产生的误差可以接受。

将 $\sigma_t = \sigma_{tu}$ 代入式(6-13)可以得到构件极限状态下,破坏截面的受拉区以及弹、塑性受压区高度,从而求得各区间的应力分布。同时,利用式(6-13)还可以得到构件整个加载过程的截面应力分布变化情况。

根据构件截面破坏模式分析,极限状态下梁的破坏表现为:截面顶端材料压屈,达到抗压极限值 σ_{cu};截面底部材料拉断,达到抗拉极限值 σ_{tu},则极限状态时,梁截面弯矩为

$$M = b\left[\int_{-(y_{cp}+y_{ce})}^{-y_{ce}} \sigma(y)y\mathrm{d}y + \int_{-y_{ce}}^{y_t} E\Phi_u y^2 \mathrm{d}y\right] \tag{6-15}$$

式中:Φ_u——构件极限状态下的弯曲曲率。

令截面塑性受压区的压应力产生的弯矩 $M_{cp} = b\int_{-(y_{cp}+y_{ce})}^{-y_{ce}} \sigma(y)y\mathrm{d}y$,根据平截面假定,有 $\varepsilon(y) = \Phi_u y$,将其代入非线性强化阶段的应力—应变函数关系式,则有

$$\sigma(y) = \lambda_1 \Phi_u^2 y^2 + \lambda_2 \Phi_u y + \lambda_3 \tag{6-16}$$

结合式(6-16)，对 M_{cp} 进行积分，得

$$M_{cp} = \frac{1}{4} b \lambda_1 \Phi_u^2 [y_{ce}^4 - (y_{ce} + y_{cp})^4]$$
$$+ \frac{1}{3} b \lambda_2 \Phi_u [(y_{ce} + y_{cp})^3 - y_{ce}^3] + \frac{1}{2} b \lambda_3 [y_{ce}^2 - (y_{ce} + y_{cp})^2] \tag{6-17}$$

结合弹性阶段截面正应力产生的弯矩，则受弯构件的极限弯矩为

$$M_u = \frac{1}{3} b \Phi_u E (y_{tu}^3 + y_{ce}^3) + M_{cp} \tag{6-18}$$

式中，构件极限状态下的弯曲曲率 Φ_u 是处于非线性阶段的曲率，可依据极限状态下受拉区的应力—应变仍服从胡克定律，故

$$\Phi_u = -\frac{\sigma_{tu}^2 + (2\alpha - 1)\sigma_{ce}^2 - 2\alpha \sigma_{ce} \sigma_{tu}}{2\alpha E \sigma_{ce} h} \tag{6-19}$$

式中：σ_{tu}——构件极限状态下抗拉极限强度；

y_{tu}——构件极限状态下弹性受压区高度。

图 6-17 给出了受弯构件弯矩—曲率关系曲线，从中可以看出，弹性阶段，M-Φ 呈线性关系；进入弹塑性阶段，M-Φ 关系曲线是非线性的，此时 EI 不能作为一个常值。这再一次说明了竹(木)梁—柱构件的计算不能简单地按照弹性理论方法思考，需要考虑到材料应力—应变关系的非线性特性。

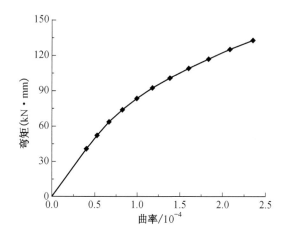

图 6-17　受弯构件的弯矩—曲率关系曲线

3. 变形分析

利用对称性，梁的变形分析可采用图 6-18 所示的模型。

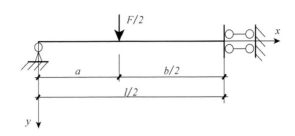

图 6-18　梁变形分析模型

假定梁的纯弯段处于塑性状态,而剪跨段处于弹性工作状态,它们的曲率分别为 k_p 和 k_e。则梁的挠曲线满足下述微分关系

$$\frac{\mathrm{d}^2 y}{\mathrm{d} x^2} = \begin{cases} -k_e & 0 \leqslant x \leqslant a \\ -k_p & a < x \leqslant l/2 \end{cases} \tag{6-20a}$$

考虑到曲率与弯矩之间的关系,上式可以写成

$$\frac{\mathrm{d}^2 y}{\mathrm{d} x^2} = \begin{cases} -\dfrac{Fx}{2EI} & 0 \leqslant x \leqslant a \\ -k_p & a < x \leqslant l/2 \end{cases} \tag{6-20b}$$

通过边界条件和连续性条件

$$y(0) = 0,\ y^+(a) = y^-(a),\ \frac{\mathrm{d}^+(a)}{\mathrm{d} x} = \frac{\mathrm{d}^-(a)}{\mathrm{d} x}\ \text{和}\ \frac{\mathrm{d} y(l/2)}{\mathrm{d} x} = 0 \tag{6-21}$$

得到梁挠曲线方程为

$$y = \begin{cases} -\dfrac{1}{2} k_0 F \left[\dfrac{1}{6} x^3 + \dfrac{1}{2}(a-l)ax \right] & 0 \leqslant x \leqslant a \\ -\dfrac{1}{2} k_p (x^2 - lx + a^2) + \dfrac{Fa^3}{6EI} & a < x \leqslant l/2 \end{cases} \tag{6-22}$$

式中: $k_0 = \dfrac{12}{Ebh^3}$。

若梁的纯弯段亦处于弹性工作阶段,考虑 $x = a$ 处连续性条件可得纯弯段的曲率

$$k_{en} = \frac{1}{2} k_0 Fa \tag{6-23}$$

以式(6-23)中的 k_{en} 代替式(6-22)中的 k_p 得到梁处于弹性工作阶段时纯弯段的挠曲线方程为

$$y = -\frac{1}{4} k_0 Fa (x^2 - lx + a^2) + \frac{Fa^3}{6EI} \quad (a \leqslant x \leqslant l/2) \tag{6-24}$$

6.3.2　压弯构件

由于竹、木复合材料在细观构造和宏观性能等方面的相似性,目前的重组竹结构设计计算均参考木结构设计规范的计算方法。然而,国内外现行木结构规范均采用线弹性理论分析梁—柱构件的荷载响应,以最大应力理论为破坏准则,未考虑材料的非线性特性。如我国现行国家标准《木结构设计规范》(GB 50005—2003)、欧洲规范 Eurocode 和美国木结构设计手册 NDS—2015 给出的压弯构件强度验算公式分别为将压弯构件的响应简化为轴向力与弯矩各自响应的线性叠加,忽略了压弯耦合效应和非线性效应,因而,只适用于比例极限承载力校核;加拿大木结构设计手册考虑了压弯耦合效应,但该公式仍未考虑木材受压非线性本构关系,并沿用最大应力理论作为破坏准则,没有反映压弯构件的破坏机理,因而,构件承载力的计算过于保守。

1. 破坏形态与破坏机理

(1) 破坏形态

根据试件偏心距不同,压弯构件的破坏主要分为两类,即小偏心受压破坏和大偏心受压破坏。

小偏心受压破坏特征表现为:构件跨中受压区外边缘竹纤维束发生压屈变形,竹束向外鼓起,其压应变达到材料极限压应变;而受拉区的竹纤维束尚处于工作状态,没有达到极限强度,未能发挥竹纤维良好的力学性能。故小偏心压弯构件的最终破坏多属于压屈破坏。由于在初始偏心距较小的情况下才发生小偏心受压破坏,故本节在后面的压弯构件强度与变形计算中,对于小偏心构件不作讨论。

大偏心受压破坏特征表现为:多数构件跨中受拉区外边缘竹纤维束发生拉断破坏,这与梁的弯曲破坏现象类似。首先因构件受压,使内部微裂纹开始发展,受压区竹束先发生屈曲;然后随荷载增加,受拉区纤维束之间发生界面破坏,产生宽度较大的纵向裂纹,将竹构件逐步分割成若干竹束;最终构件受拉区纤维束拉断,梁—柱丧失承载能力。故大偏心受压破坏多属于构件的弯曲破坏。

(2) 破坏机理

重组竹压弯构件的破坏呈非线性渐进破坏特性。首先构件上部纤维受压屈曲;其次是受拉区纤维束之间发生界面分离,形成平行于纤维方向的纵向裂纹,这些裂纹随外荷载的增加不断扩展,宽度逐渐增大;最后下部纤维束拉断,构件丧失承载能力。

2. 承载力计算

如图 6-19(a)所示,一根长为 l 的竹柱两端受偏心压力 P 的作用,初始偏心矩为 e_0,构件在偏心作用下将会产生侧向挠曲变形 $\omega(x)$,故柱截面弯矩除了端部初始弯矩 $M_0 = Pe_0$ 外,受侧向挠曲变形影响,会产生附加弯矩 $M_a = P\omega(x)$。因 $\omega(x)$ 在不断变化,则构件的附加弯矩 M_a 也在变化,这就是所谓的梁—柱构件轴力与弯矩的相关性,即压弯构件自身挠曲引起的二阶效应(p-δ 效应)。因此,在偏心受压构件的整个受力过程中,同样需考虑材料拉压的不同性质,以及材料的本构关系。实际上,压弯构件的承载力计算(即梁—柱)可看作是在受弯构件基础之上考虑轴向力的作用,其分析方法与受弯构件相同。

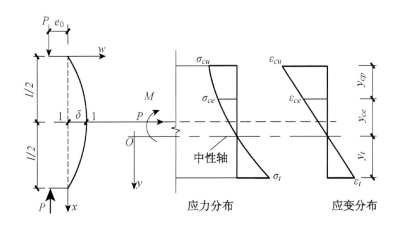

(a) 偏心受压柱 (b) 1-1 截面应力、应变分布

图 6-19 压弯构件横截面应力、应变分布示意图

若构件最终产生的侧向变形为 δ,则跨中截面的弯矩为 $M = P(e_0 + \delta)$。根据力的平衡与弯矩平衡方程,得

$$b\int_{-(y_{cp}+y_{ce})}^{y_t} f(y)\mathrm{d}y = p \tag{6-25}$$

$$b\int_{-(y_{cp}+y_{ce})}^{y_t} f(y)y\mathrm{d}y = pe \tag{6-26}$$

式中,$e = e_0 + \delta$。构件的截面应力分布与受弯构件相同,则将式(6-8)代入式(6-25),得

$$\int_{-(y_{ce}+y_{cp})}^{-y_{ce}} \sigma(y)\mathrm{d}y + \int_{-y_{ce}}^{y(t)} E\Phi y\mathrm{d}y = \frac{p}{b}$$

此处,受压轴力 P 为负值。令 $\sigma_n = p/bh$,则

$$\int_{-(y_{cp}+y_{ce})}^{-y_{ce}} \sigma(y)\mathrm{d}y + \frac{1}{2}E\Phi y_t^2 + \frac{1}{2}E\Phi y_{ce}^2 = \sigma_n h \tag{6-27}$$

利用式(6-14)对 α 的定义,则式(6-27)可写成

$$\alpha\sigma_{ce}y_{cp} + \frac{1}{2}\sigma_t y_t + \frac{1}{2}\sigma_{ce}y_{ce} = \sigma_n h \tag{6-28}$$

结合式(6-11)、式(6-12)和式(6-25),则可求出 y_t、y_{ce}、y_{cp} 的值,即

$$y_t = \frac{-2\sigma_t(\alpha\sigma_{ce} - \sigma_n)}{\sigma_t^2 + (2\alpha-1)\sigma_{ce}^2 - 2\alpha\sigma_{ce}\sigma_t}h \tag{6-29a}$$

$$y_{ce} = \frac{2\sigma_{ce}(\alpha\sigma_{ce} - \sigma_n)}{\sigma_t^2 + (2\alpha - 1)\sigma_{ce}^2 - 2\alpha\sigma_{ce}\sigma_t} h \qquad (6\text{-}29\mathrm{b})$$

$$y_{cp} = \frac{\sigma_t^2 - \sigma_{ce}^2 + 2\sigma_{ce}\sigma_n - 2\sigma_t\sigma_n}{\sigma_t^2 + (2\alpha - 1)\sigma_{ce}^2 - 2\alpha\sigma_{ce}\sigma_t} h \qquad (6\text{-}29\mathrm{c})$$

根据式(6-26),极限状态下的梁—柱截面弯矩可表示为

$$M = b\left[\int_{-y_{ce}}^{y_t} E\Phi_u y^2 \,\mathrm{d}y + \int_{-(y_{cp}+y_{ce})}^{-y_{ce}} \sigma(y)\,\mathrm{d}y\right]$$

式中,Φ_u 为压弯构件极限状态下的弯曲曲率,且第三项为截面塑性受压区产生的弯矩。结合式(6-26),可求得塑性受压区的弯矩为

$$\begin{aligned} M_{cp} = {} & \frac{1}{4}b\lambda_1\Phi_u^2\left[y_{ce}^4 - (y_{cp}+y_{ce})^4\right] + \\ & \frac{1}{3}b\lambda_2\Phi_u\left[(y_{cp}+y_{ce})^3 - y_{ce}^3\right] + \frac{1}{2}b\lambda_3\left[y_{ce}^2 - (y_{cp}+y_{ce})^2\right] \end{aligned} \qquad (6\text{-}30)$$

式中:Φ_u 可依据极限状态下受拉区的应力—应变仍服从胡克定律,求得

$$\Phi_u = \frac{\sigma_{tu}}{Ey_{tu}} = \frac{\sigma_{tu}^2 + (2\alpha - 1)\sigma_{ce}^2 - 2\alpha\sigma_{ce}\sigma_{tu}}{2E(\sigma_n - \alpha\sigma_{ce})h} \qquad (6\text{-}31)$$

结合弹性阶段截面正应力产生的弯矩,则压弯构件的极限弯矩为

$$M_u = \frac{1}{3}b\Phi_u E(y_{tu}^3 + y_{ce}^3) + M_{cp} \qquad (6\text{-}32)$$

故压弯构件极限承载力为

$$P_u = \frac{M_u}{e_u} \qquad (6\text{-}33)$$

式中:$e_u = e_0 + \delta_u$,δ_u——极限状态下压弯构件的侧向挠度。

3. 变形分析

假设当梁—柱偏心力超过临界值时,只有达到临界状态的截面及其附近位置进入塑性阶段,构件的其他部位实际上还处于弹性阶段。故可以将压弯杆件的临界断面看作是一个塑性铰,即极限状态下,梁—柱是带有塑性铰的弹性杆件,以此求最大挠曲变形。

图 6-20 给出了构件临界断面的侧向变形及其截面应变分布图,A→B 显示构件从弹性状态到极限状态的真实路径,若按照此路径求解构件塑性变形的发展,会非常困难,因此将此路径简化为 C→D,便于模型计算。首先从加载初期到达假定的理想临界状态,如图 6-20(d)所示,假设杆件已到达极限承载力,且杆件受压呈线弹性;然后保持荷载不变,由塑性铰转动,使杆件由理想状态转变到真实的极限状态,如图 6-20(e)。

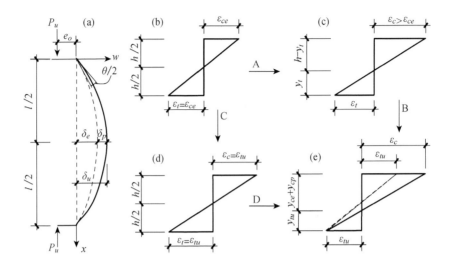

(a) 极限状态；(b)、(c)、(d)、(e)分别对应于弹性状态、弹塑性状态、理想弹性状态、极限状态下的应变分布

图 6-20　压弯构件的塑性变形及截面应变分布示意图

因此,梁—柱的最大挠曲变形可看成由两部分组成:(1)由极限荷载 P_u 产生的理想弹性位移 δ_e ;(2)外荷载保持不变,由塑性铰转动产生的塑性变形 δ_p 。则杆件的极限位移可表示为

$$\delta_u = \delta_e + \delta_p \tag{6-34}$$

根据梁—柱理论微分方程求解,由极限荷载 P_u 产生的理想弹性位移 δ_e 为

$$w = e_0\left(\cos kx + \tan\frac{kx}{2}\sin kx - 1\right) \tag{6-35}$$

式中: $k^2 = \dfrac{P_u}{EI}$ 。将 $x = l/2$ 代入式(6-35),得

$$\delta_e = w\left(\frac{l}{2}\right) = \left(\sec\frac{kl}{2} - 1\right) \tag{6-36}$$

由平截面假定, $\varepsilon = \Phi y$,以及几何关系,可得理想弹性状态和极限状态下构件曲率分别为

$$\Phi_e = \frac{\varepsilon_{tu}}{(h/2)}$$

$$\Phi_u = \frac{\varepsilon_{tu}}{y_{tu}}$$

故由塑性铰产生的曲率增量为

$$\Delta\Phi = \Phi_u - \Phi_e = \varepsilon_{tu}\left(\frac{1}{y_{tu}} - \frac{2}{h}\right) \tag{6-37}$$

假设取构件的微段 ds，对应假定第二部分所产生的塑性铰转动量为

$$\mathrm{d}\theta = \Delta\Phi\mathrm{d}s$$

则塑性铰产生的总转动量为

$$\theta_p = \int_{l_p} \Delta\Phi\mathrm{d}s \tag{6-38}$$

式中：l_p——塑性铰长度。构件端部产生的塑性转角位为 $\theta_p/2$，根据小变形理论以及忽略高阶微分影响，由理想的塑性铰转动产生的塑性位移为

$$\delta_p = \frac{l}{2} \cdot \frac{\theta_p}{2} = \frac{l}{4}\int_{l_p} \varepsilon_{tu}\left(\frac{1}{y_{tu}} - \frac{2}{h}\right)\mathrm{d}s \tag{6-39}$$

式中：y_{tu} 是由 $\sigma_n = p_u/A$ 代入式(6-29a)求得。因为塑性铰长度比较小，可假定沿塑性铰长度曲率均相同，则式(6-39)可写为

$$\delta_p = \frac{l}{4}\varepsilon_{tu}\left(\frac{1}{y_{tu}} - \frac{2}{h}\right)l_p \tag{6-40}$$

6.4 竹结构体系

6.4.1 竹框架结构

钢竹组合梁柱式框架结构体系是把组合柱、组合梁和组合楼板作为基本受力构件，通过各种金属连接件进行拼装而成的结构体系，如图 6-21 所示。该体系采用薄壁型钢与竹胶板组合梁来直接承受钢—竹组合楼板传来的荷载，再由组合梁把荷载进一步传递给柱，最后由柱统一把荷载传至基础。钢竹组合墙体只起维护和分隔作用，墙体和楼板内同样可以填充各种保温、隔热、防水等材料。

梁柱式框架结构体系的关键技术在于梁柱的节点处理。采用钢材制成消能节点，将竹材制成的梁、柱连接成具有较大刚度和延性的装配式竹框架。消能节点由柱套、梁连接钢板和 U 形卡组成，如图 6-22 所示。柱套内的横隔板用以承受柱的轴向力，将框架的上、下柱连接成整体，确保柱在节点处的可靠连接；梁连接钢板由上下 2 片钢板与柱套连接，梁从侧面放入节点内，用 U 型卡与节点紧固。在正常使用状态下，节点将梁、柱连接成具有足够侧向刚度的框架；在地震作用下，节点钢板通过非线性变形消耗地震的能量输入。通过适当的设计，可以将结构的绝大部分变形都集中在梁连接钢板处，避免构件脆性破坏。由于钢材具有良好的弹塑性变形能力，因此，采用这种节点连接的木框架具有较好的延性和耗能能力，通过节点大量消耗地震能量，减轻结构地震反应，保证结构在罕遇地震作用下不倒塌。

图 6-21　梁柱式框架结构

图 6-22　钢竹/木组合梁柱节点构造

　　这种结构体系建筑平面布置灵活,可以取得较大的使用空间,具有较好的延伸性。并在竖向空间上可获得较好延伸,突破竹结构建筑在层数上的限制,适应当今建筑用地高度紧张的客观现实状况,为竹结构建筑进一步拓宽市场奠定基础。

6.4.2　轻型竹结构

　　如图 6-23 所示,轻型竹结构墙体是由构件断面较小的规格胶合竹材均匀密布(间距一般为 406～610 mm)形成由墙骨柱、顶梁板、底梁板和过梁组成的棱骨架,然后钉上竹胶合板组成的一种结构形式,类似北美木结构中的二乘四构造。墙骨柱由 40 mm×84 mm 的胶合竹规格材组成,在保证结构安全的前提下,可以使用 40 mm×140 mm 的墙骨柱,以便为保温材料提供足够的空间而顶梁板和底梁板在楼盖顶棚处起到防火挡的作用,并作为墙面板与房屋的装饰材料提供支撑。主要结构构件(结构骨架)和次要结构构件(墙面板、楼面板和屋面板)共同作用,承受各种荷载,最后将荷载传至基础。这些密置的骨架构件既是结构的主要受力体系,又是内、外墙面和楼屋面面层的支撑构架,还为安装保温隔热层、穿越各种管线提供了空间。轻型竹结构体系主要采用平台式结构形式,其主要优点是将楼盖和墙体分开建造,因此已建成的楼盖可以作为上部墙体施工时的工作平台,如图 6-24 所示。

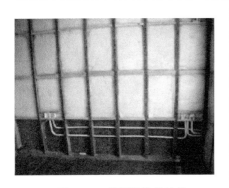

图 6-23　轻型竹结构墙体

图 6-24　二层楼盖施工现场

图 6-25　竖起墙体

轻型竹结构的主要结构构件一般在工厂预制再搬运至现场拼装。为加快施工进度,墙体采用模块化设计,通常墙体可在工作平台上拼装,然后人工抬起就位,墙体骨架也可在工厂先拼装好,再搬运至施工现场就位,如图 6-25 所示。墙体主要施工流程为:铺放窗户过梁→铺放墙骨→将过梁与墙骨钉接→将顶梁板与墙骨钉接→将底梁板与墙骨钉接→墙体调直角→钉墙面板→竖立墙体并设置临时支撑→在各墙与板之间应留有不小于 3 mm 的空隙。在搁栅和楼面板之间涂刷弹性胶,可增大楼层的整体刚度,限制活荷载所引起的震动。

6.4.3 基础

竹房屋的基础施工与普通混凝土结构基础施工类似,在细节方面唯一不同的是竹结构房屋的基础上需要预埋地脚螺栓,如图 6-26 所示。在通风不良的湿热条件下,竹材易发生霉变和腐烂。因此,竹房屋底层楼盖通常采用架空的形式,架空层内应有足够的空间以供进出及维修操作,爬行空间高度通常为 0.6 m。直接搁置于基础墙顶面的地梁板应经过防腐加压处理,通过间距不超过 2 m 且直径不小于 12 mm 的地脚锚栓锚固于基础上。地脚锚栓在基础的埋置深度不小于 0.3 m,每块地梁板两端应各有一个地脚锚栓,端距为 0.1~0.3 m。

图 6-26　地脚螺栓预埋

图 6-27　基础防潮处理

地面潮气的控制是架空层面临的主要问题,为防止土层湿气入侵地基及爬行空间的框架结构,基础表面需要进行防潮处理,如图 6-27 所示。防潮层的做法有多种形式,通常采用沥青涂层、聚乙烯塑料或玻璃纤维材料等。在排水性差的土层中,还需增设防水墙,防水墙通常由两层沥青浸渍油毡制成,两层油毡相互黏结并附于基础墙上,油毡的表面需涂抹液态沥青。为保持架空层空间内的空气流通,需在基础墙周围设置通风孔,通风孔的总面积不得小于房屋占地面积的 1/150。

当爬行空间的地面采用了可靠的防潮措施时,通风孔的总面积可适当减小。在大多数地区,还需另外采取排水措施来排出地下水以防止地下室或楼板潮湿。基础排水通常由安装于基础四周的排水管组成,也可选用排水性能良好的土壤或颗粒材料来代替周边排水管。排水管顶应低于地下室楼板或爬行空间高度,同时略向排水出口倾斜。排水管上应覆盖至少 150 mm 厚的洁净粗砾石或碎石。

6.5　竹木结构抗震设计

目前,竹建筑结构体系、竹结构抗震设计方法研究还不多,但鉴于竹木结构在材料性质、结构体系、连接方式等方面十分相似,故竹结构抗震设计可参考木结构抗震设计方法,本节不再赘述。

参考文献

［1］刘可为,奥里弗·弗里斯. 全球竹建筑概述——趋势和挑战［J］. 世界建筑,2013(12):27-34

［2］陈国. 现代竹结构房屋的试验研究与工程应用［D］. 长沙:湖南大学,2011

［3］Eduard Broto. 竹材建筑与设计集成［M］. 南京:江苏凤凰科学出版社,2014

［4］肖岩,单波. 现代竹结构［M］. 北京:中国建筑工业出版社,2013

［5］张齐生,等. 中国竹材工业化利用［M］. 北京:中国林业出版社,1995

［6］张俊珍,任海青,钟永,等. 重组竹抗压与抗拉力学性能的分析［J］. 南京林业大学学报:自然科学版,2012,36(4):107-111

［7］孟凡丹,于文吉,陈广胜. 四种竹材人造板的制造方法和性能比较［J］. 木材加工机械,2011,22(1):32-35

［8］苏强,竹内英昭. 一种竹集成材及其制备方法:中国,200610048697.5［P］. 2006-9-27

［9］江泽慧,常亮,王正,等. 结构用竹集成材物理力学性能研究［J］. 木材工业,2005,19(4):22-24

［10］张叶田,何礼平. 竹集成材与常见建筑结构材力学性能比较［J］. 浙江林学院学报,2007,24(1):100-104

［11］周爱萍. 重组竹受弯构件试验研究与理论分析［D］. 南京:南京林业大学,2014

［12］沈玉蓉. 竹(木)梁—柱承载力与变形的非弹性分析方法［D］. 南京:南京林业大学,2015

［13］黄东升,周爱萍,张齐生,等. 装配式木框架结构消能节点拟静力试验研究［J］. 建筑结构学报,2011,32(7):87-92